十二五
规划教材
BUILDING

高职高专土建类专业"十二五"规划教材

GAOZHI GONGCHENG TUJIANLEI ZHUANYE SHIERWU GUIHUA JIAOCAI

结构力学及应用

JIEGOULIXUEJIYINGYONG

◎编著 朱耀淮

◎主审 戴力斌 何奎元

中南大学出版社
www.csupress.com.cn

内容简介

本书是根据教育部高等学校土建学科教学指导委员会审定的《建筑力学教学大纲(下)》编写。全书共 11 章,主要内容有:平面体系的几何组成、桁架、静定受弯结构、静定结构位移、力法、超静定单跨梁、力矩分配法、影响线、工程结构梁、位移法、高次超静定结构、附录。

本书内容全面,通俗易懂,具有针对性和实用性。并配有习题集、多媒体教学课件。

本书可作为职业院校铁道工程技术、高铁维护工程技术、道路与桥梁工程技术、城市轨道工程技术、隧道与地下工程技术、建筑工程技术、建筑设计、建筑工程管理等专业的教材,也可作为土建类工程技术人员的参考用书。

高职高专土建类专业"十二五"规划教材编审委员会

主 任

郑 伟　赵 慧　刘 霁　刘孟良　陈安生

李柏林　玉小冰　彭 浪　邓宗国　陈翼翔

副主任

（以姓氏笔画为序）

朱耀淮　刘庆潭　刘志范　刘锡军　汪文萍　周一峰

胡云珍　夏高彦　董建民　蒋春平　廖柳青　潘邦飞

委 员

（以姓氏笔画为序）

万小华　王四清　卢 滔　叶 姝　吕东风　伍扬波

刘小聪　刘可定　刘汉章　刘剑勇　刘 靖　许 博

阮晓玲　阳小群　孙湘晖　杨 平　李 龙　李亚贵

李延超　李进军　李丽君　李 奇　李 侃　李海霞

李清奇　李鸿雁　李 鲤　肖飞剑　肖恒升　何立志

何 珊　何奎元　宋士法　宋国芳　张小军　陈贤清

陈 晖　陈淳慧　陈 翔　陈婷梅　林孟洁　欧长贵

易红霞　罗少卿　周 伟　周良德　周 晖　项 林

赵亚敏　胡蓉蓉　徐龙辉　徐运明　徐猛勇　高建平

黄光明　黄郎宁　曹世晖　常爱萍　彭 飞　彭子茂

彭仁娥　彭东黎　蒋建清　蒋 荣　喻艳梅　曾维湘

曾福林　熊宇璟　魏丽梅　魏秀瑛

出版说明 INSTRUCTIONS

在新时期我国建筑业转型升级的大背景下，按照"对接产业、工学结合、提升质量，促进职业教育链深度融入产业链，有效服务区域经济发展"的职业教育发展思路，为全面推进高等职业院校建筑工程类专业教育教学改革，促进高端技术技能型人才的培养，我们通过充分调研和论证，在总结吸收国内优秀高职高专教材建设经验的基础上，组织编写和出版了本套基于专业技能培养的高职高专土建类专业"十二五"规划教材。

近几年，我们率先在国内进行了省级高等职业院校学生专业技能抽查工作，试图采用技能抽查的方式规范专业教学，通过技能抽查标准构建学校教育与企业实际需求相衔接的平台，引导高职教育各相关专业的教学改革。随着此项工作的不断推进，作为课程内容载体的教材也必然要顺应教学改革的需要。本套教材以综合素质为基础，以能力为本位，强调基本技术与核心技能的培养，尽量做到理论与实践的零距离；充分体现了《关于职业院校学生专业技能抽查考试标准开发项目申报工作的通知》（湘教通〔2010〕238号）精神，工学结合，讲究科学性、创新性、应用性，力争将技能抽查"标准"和"题库"的相关内容有机地融入教材中来。本套教材以建筑业企业的职业岗位要求为依据，参照建筑施工企业用人标准，明确职业岗位对核心能力和一般专业能力的要求，重点培养学生的技术运用能力和岗位工作能力。

本套教材的突出特点表现在：一、把建筑工程类专业技能抽查的相关内容融入教材之中；二、把建筑业企业基层专业技术管理人员（八大员）岗位资格考试相关内容融入教材之中；三、将国家职业技能鉴定标准的目标要求融入教材之中。总之，我们期望通过这些行之有效的办法，达到教、学、做合一，使同学们在取得毕业证书的同时也能比较顺利地考取相应的职业资格证书和技能鉴定证书。

高职高专土建类专业"十二五"规划教材

编审委员会

前言 PREFACE

本书是根据高等学校土建学科教学指导委员会审定的《工程力学(下)教学大纲》编写的。可作为高职本科道路与桥梁工程技术、铁道工程技术、建筑工程技术、隧道与地下工程技术、建筑设计、建筑工程管理等专业的教材,也可作为土建类工程技术人员的参考用书。

在编写本书时,注意了以下原则:体现高等职业教育教学改革的特点,突出针对性、适用性和实用性;吸取有关教材长处,结合作者的教学经验;重视由浅入深和理论联系实际;内容简明扼要,通俗易懂,图文配合紧密。并配有习题集。

本书的编写,具有以下特点:

一、为了使得叙述更确切,提出新的名称和符号:二杆外点、附基梁、相应结构、本结构、附加刚臂新符号、固平衡力矩、工程结构梁等。

二、为了使得分析计算更简单,提出了新方法:①点和刚片的组成规则;②虚铰的5种形式及分析应用;③寻找零杆判点判零杆;④应用三铰拱内力计算公式计算三铰刚架;⑤用渐近法计算绝对最大弯矩值。

三、为了理解更容易,应用了新方法推导计算公式:①三铰拱内力计算公式的简易推导;②虚功原理的简易推导;③临界荷载判别式的简易推导。

四、为了适应目前教学时数不同、数量减少的情况,对内容进行了合理编排:①几何组成分析后,紧接桁架,有利于复习和应用组成分析内容;②为了便于理解,针对职业教育的对象,减少难点,增加了"单跨超静定梁"这一章;③考虑到学生接受能力的差异,把内容进行分层编排,方法讲解非常简单,如第5章"力法"和第7章"力矩分配法",而较难的应用内容放在第9章"工程结构梁"和第11章"高次超静定工程结构"里讲解。

前8章属高职专科和本科都要讲授的内容,后3章属高职本科内容。

本书由湖南高速铁路职业技术学院朱耀淮副教授编著。特聘请湖南高速铁路职业技术学院院长戴力斌教授、何奎元副教授主审,且为本书提出了宝贵意见,在此表示感谢。

鉴于作者水平,本书难免有不足之处,敬请读者批评指正。

编 者

2015 年 6 月于迴雁峰

目　录 CONTENTS

目　录

绪　论

0.1　结构力学的研究对象和任务

工程中的各类构筑物，如房屋、桥梁、水塔、挡土墙、车辆机架等，都要承受一些荷载的作用，如人群、设备、车辆、水压力、土压力、货物荷载，等等。凡在构筑物中，起着承担荷载的骨架作用的部分，都称为结构。如图0-1所示为房屋骨架图，最上层的荷载由屋面板承担，屋面板再依次传递荷载给横梁、柱子、基础，这个骨架也就是此房屋的结构。

结构的类型有多种，通常可以依几何观点分为3种类型，即杆系结构、薄壁结构和实体结构。杆件的特点是，它的长度远大于另两个方向的尺寸，如矩形截面杆的长，远大于截面的宽和高。由杆件组成的结构称为杆系结构；如果杆系及其上的荷载都处于同一个平面内，就称为平面杆系结构。本书的研究对象限于平面杆系结构。薄壁结构是指它的厚度远小于另两个方向尺寸的结构，如水池、水塔等都可选取薄壁结构形式。结构的3个方向的尺寸为同一量级时，称为实体结构，如挡土墙结构。

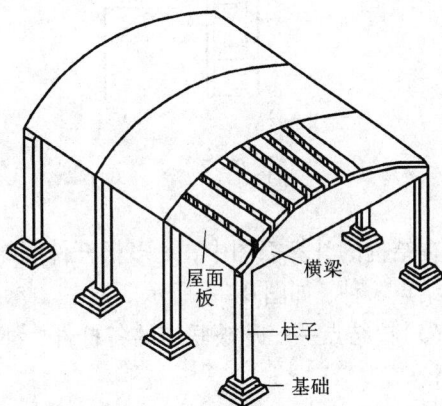

图 0-1

研究杆系结构的任务包括讲授结构的合理组成，以保证结构内部不致产生相对运动，使结构能维持外因作用下的平衡，研究结构在外因作用下的内力和变形，以便后续课程对结构进行强度和刚度计算，来保证结构既安全又经济地工作。结构稳定问题在高职教材中都被略去，即便它对结构的安全也非常重要。因此，概括结构力学的主要任务，就是包括研究结构在荷载等因素作用下所产生的内力、变形以及稳定性，探讨结构的组成规律和合理形式。

0.2　结构的计算简图

实际构筑物的结构一般都比较复杂，完全按照实际结构进行分析计算，往往是不可能的。因此，必须抓住它的主要特征，略去次要的因素，采用经过简化的图形来代替它。这种能够代表实际结构的简化图形，就称为此实际结构的计算简图。结构力学就是按照结构的计算简图进行分析计算的。

选择结构的计算简图，应该保证此简图既能够正确地反映实际结构的变形情况和受力特点，又能使结构的计算得到简化。

1. 结构的结点

两根实际结构的杆件，有两种连接形式，如图0-2(a)和0-3(a)所示。在图0-2(a)中的不同杆件之间，用钢筋联成整体，再由混凝土浇注定位，可以称为刚结，刚结的计算简图如图0-2(b)所示。而在图0-3(a)中的杆件之间，虽然仍用混凝土浇注固定了钢筋，但所用钢筋汇交抵抗弯矩的能力很弱，所以，可以近似地视为理想铰结，计算简图如图0-3(b)所示。

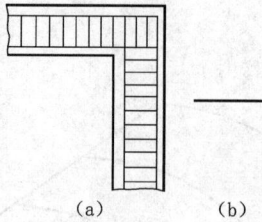

图0-2

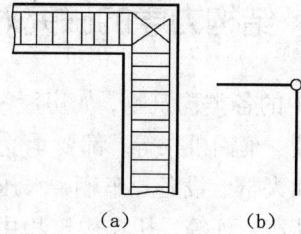

图0-3

在结构的计算简图中，凡多根杆件联结的地方统称为结点。结点可以分为铰结、刚结和组合结点3种，如图0-4所示。

（1）铰结点——凡被联结的各杆件，都可以绕着铰心自由转动，如图0-4(a)所示的为完全铰。

（2）刚结点——如各杆件都不能绕着它的结点作杆件之间不变的相对转动，也就是各杆件之间的夹角保持不变，如图0-4(b)所示称为刚结点。

（3）组合结点——此种结点处，有的杆件之间用刚结，而有的又用铰结，如图0-4(c)所示。此种结点为不完全铰结，也不完全为刚结。

以上任何一种结点，杆件之间在内力和变形方面，都有各自的特点，应注意理解和明确地区分。

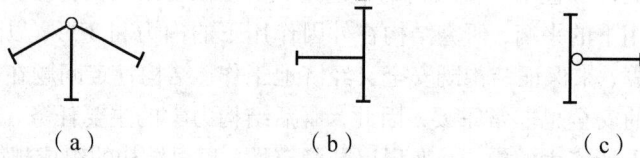

图0-4

2. 结构的支座

结构与地基（或其他结构）相连系的装置称为支座。依据实际结构支座的约束特点，在工程力学中都绘出了简图。这些简图，也就是结构力学的支座计算简图，如图0-5所示。

（1）活动铰支座——这种支座的计算简图用一根链杆表示，它只能阻止结构沿支承链杆方向移动，如图0-5(a)所示，反力的方向沿链杆轴向，大小未知。

（2）固定铰支座——计算简图如图0-5(b)所示，用两根相交的链杆表示。这种支座只允许结构绕铰中心转动，但不可以作任何方向移动，反力可任取两个相互垂直的分反力，两

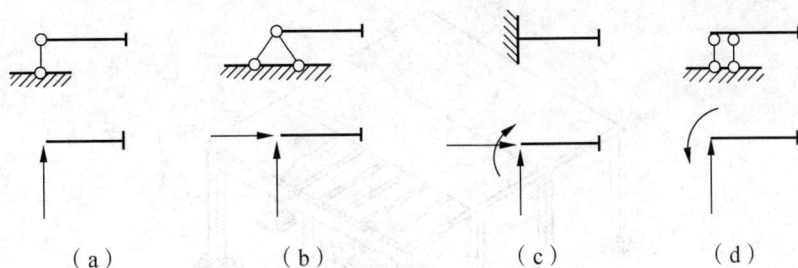

（a）　　　　　　（b）　　　　　　（c）　　　　　　（d）

图 0 - 5

分反力的大小未知。

（3）固定端支座——计算简图如图 0 - 5（c）所示，它表示结构被此种支座所固定，即不允许结构对支座作任何移动和转动，反力有 3 个未知量，包括任意两个互相垂直的分反力和一个力偶。

（4）定向支座——计算简图如图 0 - 5（d）所示，此支座只允许结构沿杆轴方向有较小的移动。反力的未知量有两个，一个是沿垂直于链杆轴向的反力，另一个是抵抗转动的力偶矩。

要想由结构的实际支座作出合理的计算简图，仅仅依赖如上所述的工程力学的介绍还很不够，此后还必须坚持理论联系实际的原则，特别是钢筋混凝土支座以前几乎没有讨论过，如何合理地给定各种支座的计算简图，还应该不断地摸索。

3. 杆系结构的简化

在杆系结构的计算简图中，同工程力学一样，杆件也都要采用它的轴线来表示。对于荷载，也应考虑实际的施加情况，近似地用集中荷载或分布荷载来表示。

关于选取结构的计算简图。一般杆系结构都可以化为平面杆系结构，故可先将结构体系简化为平面体系，并将该平面结构所应承担的荷载求出，施加到此平面结构的受力处。当然也有不少结构不能简化为平面结构，这种结构称为空间结构，本教材不讨论。再就是判明结构杆件之间的连接，并选择决定相适应的结点简图，将结构中的杆件（轴线）连接起来。最后审定支座，选取适当的支座得到简图。这样就得到了结构的计算简图。

如图 0 - 6（a）所示为由梁、柱和基础等组成的结构图。其中每一排间距为 l 的横向梁、柱和基础，处在一个平面内，构成平面结构。屋面板将屋面荷载向下传，传递到这些横向的平面结构上。

图 0 - 6（a）所示的计算简图，可以分解为两个部分讨论。一个屋面板，它简支在横向平面结构之上，屋面板的计算简图如图 0 - 6（b）所示为简支梁，设屋面板的荷载为 p，单位为 kN/m^2。通常对板可取 1 m 宽计算，于是屋面板的荷载 q_1 应为

$$q_1 = 1 \times p_1 = p_1 \quad kN/m$$

另外一部分就是横向平面结构，也就是屋面板的支座，对中间二排架，此支座反力为 $2Y$（不计横梁自重），横向结构的荷载 q_2 与 $2Y$ 两者互为反作用，有

$$q_2 = 2Y = 2\left(\frac{q_1 l_1}{2}\right) = q_1 l_1 = p_1 l_1 \quad kN/m$$

横向结构的杆件连接，设取图 0 - 2 刚结的形式，钢筋混凝土结构一般多用此种刚结。对于支座，要看柱子、基础和地基的实际情况而定，如果柱子与基础连接为一体可抵抗弯矩，

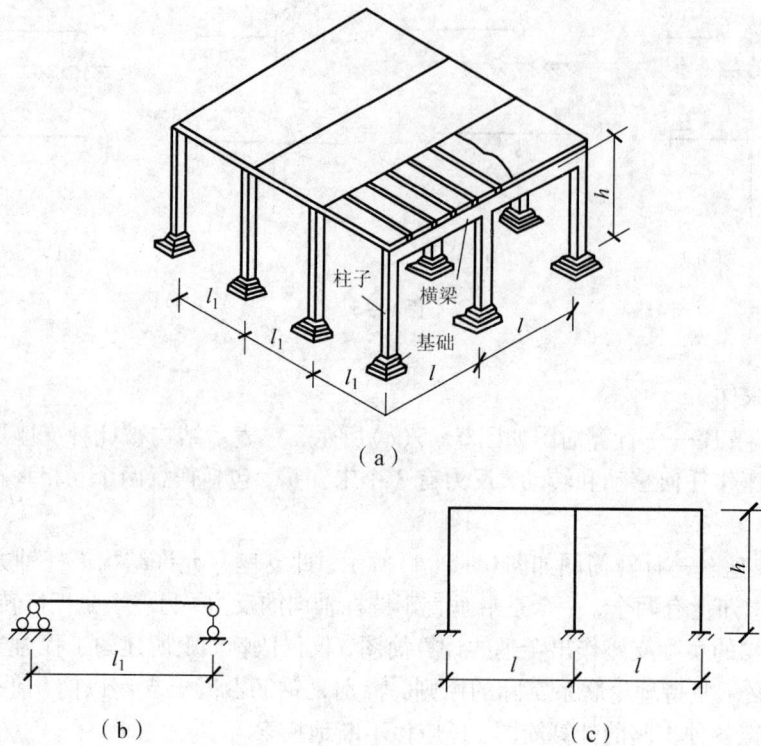

（a）

（b）　　　　　　　　　　　　　（c）

图 0 – 6

而且地基又良好，变形很小，此时支座可视为固定端支座，如图 0 – 6（c）所示。图 0 – 6（b）加上荷载 q_1 后和图 0 – 6（c）加上荷载 q_2 后就是图 0 – 6（a）所示结构的计算简图。

此后，结构力学将只对结构的计算简图进行分析和讨论。

0.3　结构和荷载的分类

1. 平面杆系结构分类

平面杆系结构是本书分析的对象，按照它的构造和力学特征，可分为 5 类：

（1）梁——以受弯为主的直杆为直梁。本书主要讨论直梁，不涉及曲梁，更不考虑曲率对曲杆的影响。梁有静定梁和超静定梁两大类，如图 0 – 7（a）、（b）所示。

（a）　　　　　　　　　　　　　（b）

图 0 – 7

（2）拱——多为曲线外形，它的力学特征在以后讨论拱时再说明。常用的拱有静定三铰拱和超静定的无铰拱、两铰拱 3 种，分别如图 0 – 8（a）、（b）、（c）所示。二铰拱和无铰拱的计算以三铰拱为基础，本书只讲三铰拱。

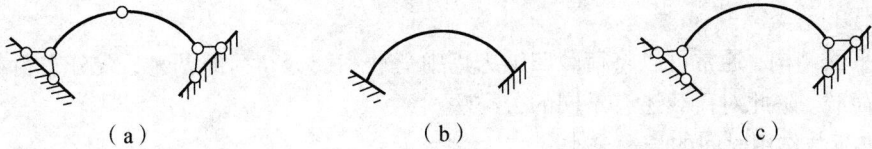

（a）　　　　　　　（b）　　　　　　　（c）

图 0 - 8

（3）刚架——刚架由梁和柱等杆件构成，杆件之间的连接多为刚结。有静定刚架和超静定刚架两类，如图 0 - 9（a）、（b）所示。

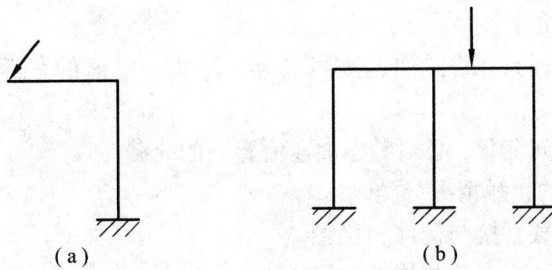

（a）　　　　　　　　　　（b）

图 0 - 9

（4）桁架——桁架由端部都是铰结的直杆构成，理想桁架的荷载必须施加在结点上，如图 0 - 10（a）、（b）所示，有静定桁架和超静定桁架两种。

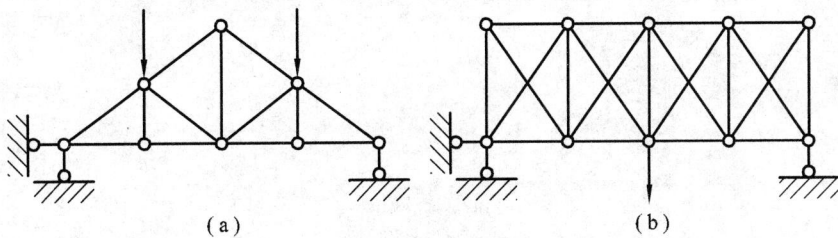

（a）　　　　　　　　　　（b）

图 0 - 10

（5）组合结构——它是桁架直杆和梁式杆件两类杆件组合而构成的结构，如图 0 - 11 所示。图中 AB 杆具有一个或多个组合结点，属梁式杆件，杆件 AD，CD…又为端部都为铰结的桁架式直杆，故图 0 - 11（a）和（b）所示均为组合结构。组合结构也有静定和超静定之分。

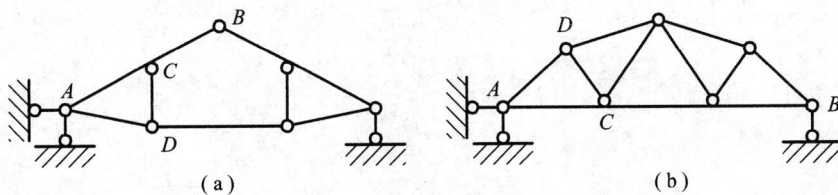

（a）　　　　　　　　　　（b）

图 0 - 11

2. 荷载的分类

对于平面结构,通常可以将荷载归纳为集中荷载和线分布荷载两种,线分布荷载此后简称为分布荷载。除此对荷载还有不同的分类法。

(1)按荷载作用时间的长短分类。

①恒载——在结构的使用期内,长期不变或变化值可以忽略的荷载称为恒载。如结构的自重、结构上不动的附属装置、设备等的自重,这些都是恒载。

②活载——施加在结构上可以变化的荷载称为活载。常见的活载有:只改变大小的,如移动的人或物的荷载;也有只改变荷载位置的,如吊车或列车荷载,这种荷载也称为移动荷载。

(2)按荷载作用性质分类。

①静载——由零缓慢地增加(加速度可忽略)到某一定值的荷载。最后的定值即为静载值。

②动载——随着时间变化,必须考虑加速度影响的荷载。

(3)按荷载与构件的接触情况分类。

①直接荷载——荷载直接与构件相接触。

②间接荷载——荷载不直接与构件相接触。

第 1 章　平面体系的几何组成

1.1　几何构造分析的目的

结构是用来承受荷载的，通常情况下是由若干杆件互相连结而组成，但不能将杆件随意拼成结构。应该要求结构在承受荷载后，能牢固地维持它本身原有的几何形状和位置。这样的结构，才能在工程上使用。为此，要求结构必须满足一定的组成规律。一般将由若干杆件所构成的一个整体，称为体系。

由实践可知，如图 1 – 1(a) 所示的体系，在外荷载作用下，若不考虑材料的微小变形时，能保持其几何形状和位置不变，这样的体系，称为几何不变体系。又如图 1 – 1(b)所示的体系，即使在很小的外荷载的作用下，各杆件也会发生相对的机械运动，不能保持其原有的形状和位置，这样的体系称为几何可变体系。显然，几何可变体系不能作为工程结构使用。就体系的几何形状和位置

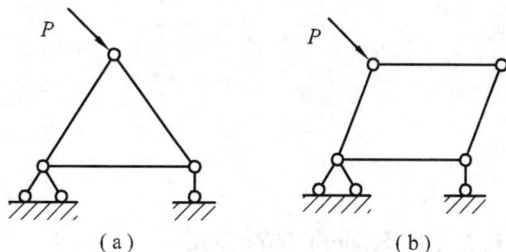

图 1 – 1

是否可变，进行体系的几何构造分析，称为体系的几何组成分析或机动分析。

平面体系几何组成分析的目的：

(1)在结构设计选定计算简图时，必须分析它是否几何可变，从而决定它能否在工程结构上使用。

(2)为了确定结构是静定还是超静定，以便采取相应的计算方法。

(3)利用平面体系几何组成分析，掌握结构的构造特征，为后续的结构计算打下基础。

在进行几何组成分析时，由于略去了材料的弹性变形，因而将一根梁，一根链杆，或在体系中已被判明为几何不变的部分，都可视为一个刚体，它在平面体系中称为刚片。

1.2　自由度和约束的概念

1.2.1　平面体系的自由度

判断体系是否是几何可变，可从体系中的刚片是否会发生机械运动的分析着手。换句话说，就是从体系是否有自由度的分析着手。所谓体系的自由度，是指一个体系运动时，可以独立变化的几何参数的数目。这个数目，就是用来确定该体系的位置所必需的独立坐标

数目。

例如在平面内的一个点的运动,它的位置可用两个坐标变量 x、y 来确定,如图 1-2(a) 所示,故自由度等于 2。一个刚片在平面内运动时,它的位置由刚片上面任一点 A 的坐标(x,y)和过 A 点的任一直线的倾角 φ 三个参数才能确定,如图 1.2(b) 所示,所以一个刚片在平面内的自由度等于 3。

由体系自由度的定义和上述分析可知,在通常的情况下,若一个平面体系有 n 个独立的运动,就说明这个体系有 n 个自由度。

在工程上使用的结构,均为几何不变体系,对于大地其自由度为零或小于零。相对于大地凡自由度大于零的体系,都是几何可变的。

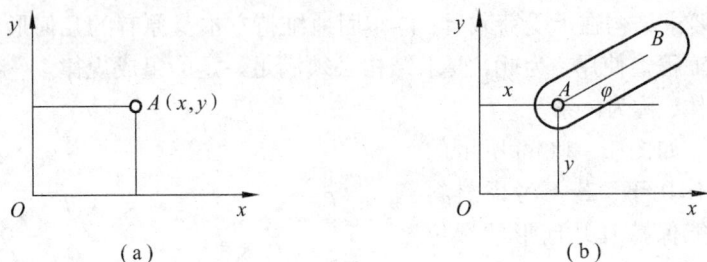

图 1-2

1.2.2 各种约束的分析

体系的自由度,可以通过在体系内加入某些装置,使刚片运动受到限制而减少,减少自由度的装置称为联系或约束。凡能减少一个自由度的装置,称为一个联系或一个约束。

1. 链杆约束

用一根链杆 AB 将刚片与地基相连结,如图 1-3(a) 所示。因 A 点不能沿链杆方向移动,故刚片将只有两种运动的可能,即刚片绕 A 点转动及刚片随链杆上的 A 点绕 B 点转动,刚片的自由度由原来的 3 减为 2。故一根链杆为一个联系或一个约束。

2. 单铰约束

如图 1-3(b) 所示,用一个铰 A 联结两个刚片。刚片 I 的位置可由 A 的坐标(x,y)和直线 AB 的倾角 φ_1 来确定,因此,它的自由度为 3;而刚片 II 就只有绕 A 点转动的自由,其位置用倾角 φ_2 就可以完全确定,因而减少了两个自由度。这样两个刚片的自由度由 6 减少为 4。可见,用铰 A 联结两个刚片减少了两个自由度。将这种联结两个刚片的铰称为单铰。显然,一个单铰相当于两个联系,即相当于两根链杆的约束。反之,同时联结两刚片的两根链杆,也相当于一个单铰的作用。

3. 复铰约束

将同时联结两个以上刚片的铰称为复铰。如图 1-3(c) 所示,刚片 I、II、III 共用一个复铰联结。若刚片 I 的位置已确定,则刚片 II 和 III 只能绕 A 点转动,从而每一刚片各减少了两个自由度。故此,联结三个刚片的复铰,实际上相当于两个单铰。由此可推知:联结 n 个刚片的复铰,其作用相当于($n-1$)个单铰。

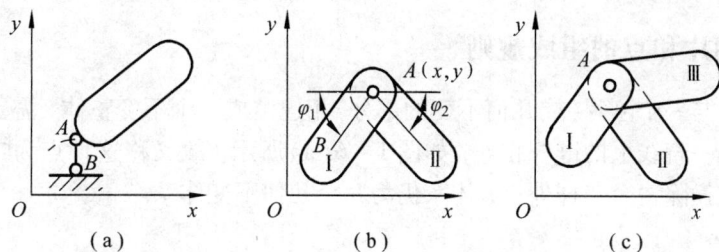

图 1-3

关于支座的约束，在计算自由度时，可将不同形式的支座化为链杆支座。如上所述，活动铰支座相当于一根链杆支座，固定铰支座相当于两根链杆约束。如图 1-4 所示，对于一个定向支座，可减少刚片的 2 个自由度，相当于两根链杆支座；而一个固定端支座对刚片的约束，可减少刚片的 3 个自由度，故相当于三根链杆支座。

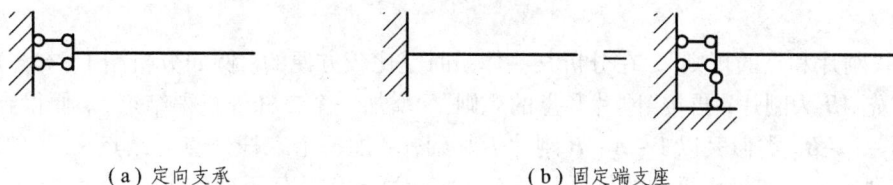

（a）定向支承　　　　　　　　（b）固定端支座

图 1-4

1.2.3　复铰的识别

一个平面体系，通常可以看成是由若干个刚片加入某些联系，并用支座链杆与地基相连结而组成的。因此，在分析刚片之间的联系时，必须正确判别复铰所包含的联系数，在复铰折算成单铰计算联系数时，应正确地识别该复铰所联结的刚片数，如图 1-5(a)、(b) 和 (c) 所示的几种情况，其相应的单铰数分别为 1、2、3。

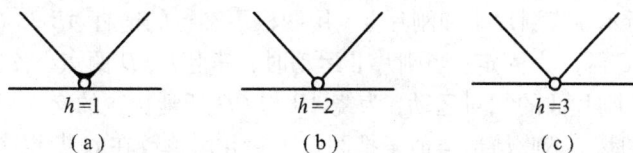

$h=1$　　　　　　　$h=2$　　　　　　　$h=3$

（a）　　　　　　　　（b）　　　　　　　　（c）

图 1-5

1.3　几何不变体系的简单组成规则

上节介绍了体系几何不变的必要条件，本节将研究几何不变体系组成的充分条件。几何不变体系的简单组成规则，也就是几何不变体系构成的组成规律。

1.3.1　刚片和点的组成规则

将一个外点与一个刚片(或几何不变的部分)相连结成一个不变整体,需要在点与刚片之间用两根不在同一直线上的链杆相连,如图 1-6(a)所示,故又称这种点为二杆外点,在不变体系上增加或撤除一个二杆外点,体系仍为一个几何不变体系。

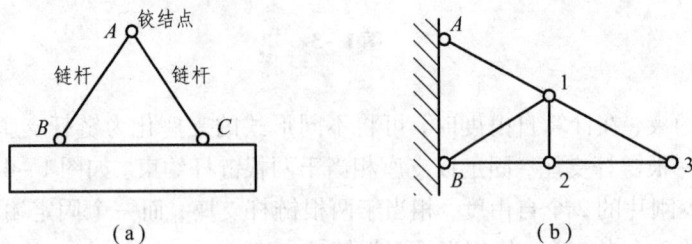

图 1-6

利用"刚片和点的规则",在分析某些体系时是比较方便的。例如分析图 1-6(b)所示的体系,首先 AB 为刚片;再按"刚片和点的规则",增加一个二杆外点得结点 1,便得到几何不变体系 $A-1-B$。类似又以 $1-A-B$ 刚片为基础,增加一个二杆外点得结点 2……如此依次增加二杆外点,可知最后得到的体系是一个无多余联系的几何不变体系。

反之,也可以用撤除二杆外点的方法来分析图 1-6(b)所示的体系。因为从一个体系撤除一个二杆外点后,所剩下的部分若为几何不变的,则原来的体系也是几何不变的。现根据"刚片和点的规则",从图 1-6(b)所示的体系结点 3 开始撤除一个二杆外点,然后依次撤除二杆外点 2、1、…,最后剩下的刚片 AB 是几何不变的,故知原体系是一个几何不变体系。

当然,若撤除二杆外点后,所剩下的部分是几何可变的,则原体系必定也是几何可变的。

1.3.2　两刚片规则

两个刚片用三根既不完全平行也不汇交于一点的链杆相连,这样组成的体系,为无多余联系的几何不变体系。

如图 1-7(a)所示,若刚片 Ⅰ 和刚片 Ⅱ,用两根不平行的链杆 AB 和 CD 相连结。设刚片 Ⅰ 固定不动,则 A、C 两点为固定;当刚片 Ⅱ 运动时,其上 B、D 两点,各自沿与 AB 和 CD 杆垂直的方向运动。故刚片 Ⅱ 的相对运动,为绕 AB 与 CD 杆延长线的交点 O 转动,O 点称为刚片 Ⅰ 和 Ⅱ 的相对转动瞬心。此情形类似于把刚片 Ⅰ 和 Ⅱ 用单铰在 O 点相连结。这又证明了两根链杆的约束作用相当于一个单铰,这个铰的位置,是在两根链杆的延长线上;并且此种铰的位置,随链杆位置的微小变动而作微小改变,这种铰称为虚铰。

为制止刚片 Ⅰ 和 Ⅱ 发生相对转动,还须加上一根链杆 EF,如图 1-7(b)所示。由实践可知,如果链杆 EF 的延长线不通过虚铰 O,它就能阻止刚片 Ⅰ 和 Ⅱ 之间的相对转动。因此,像这样组成的体系,是没有多余联系的几何不变体系。

由于两根链杆的约束作用相当于一个单铰的约束,故两刚片规则还可叙述为:"两刚片用一个铰和一根不通过该铰中心的链杆相连,组成没有多余联系的几何不变体系。"如图 1-7(b)、(c)和(d)所示。

10

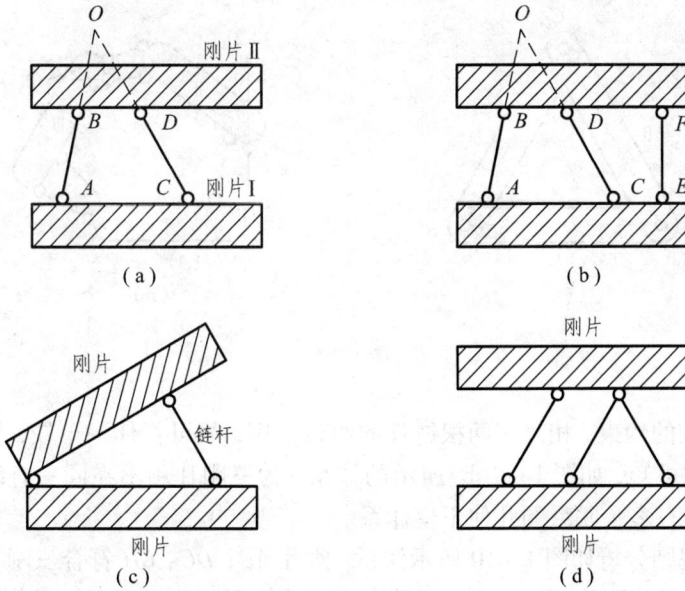

图 1-7

利用二刚片规则分析体系如图 1-8 所示多跨梁。将地基看作一刚片 I，ABC 看作另一刚片 II，I、II 之间符合两刚片规则组成一不变部分，再将梁 DF 看作刚片 III 与前一不变部分又符合两刚片规则组成无多余联系的几何不变体系。

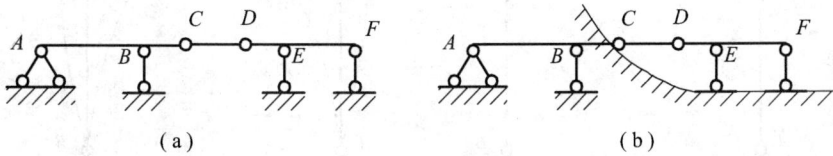

图 1-8

1.3.3　三刚片规则

如图 1-9(a) 所示的刚片 I、II 和 III，用不在同一直线上的三个单铰 A、B 和 C，使刚片两两相连。这里所指的两两相连，是指每两个刚片之间均用一个单铰联结。若假定刚片 I 不动，则刚片 II 上的 C 点只能在以 A 为圆心、AC 为半径的圆弧上运动；同理，刚片 III 上的 C 点也只能在以圆心为 B、半径为 BC 的圆弧上运动。因刚片 II 和 III 用铰 C 相连结，故 C 点不可能同时在两个不同的圆弧上运动。

即 C 点在两个圆弧交点处被固定不能动，而 A、B 两点在刚片 I 上均为固定，于是各刚片间不可能发生相对运动。因此，这样组成的体系，是没有多余联系的几何不变体系。

由以上分析可知，三刚片规则为：

若三个刚片，用不在同一直线上的三个单铰两两相连，则组成的体系，是没有多余联系的几何不变体系。

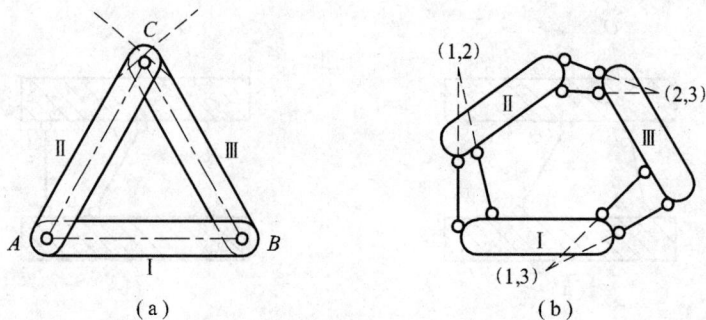

图 1 - 9

由于一个单铰的约束，相当于两根链杆的约束作用，故可将任一单铰，换成两根链杆所构成的虚铰。据此可知，如图 1 - 9(b) 所示的体系，为三刚片用不在同一直线上的三个虚铰两两相连，也是没有多余联系的几何不变体系。

利用三刚片规则分析如图 1 - 10 所示体系。刚片 AD、DC、GH 符合三刚片规则相连成不变体系作为大刚片 Ⅰ，刚片 BE、EC、KN 符合三刚片规则相连成不变体系作为大刚片 Ⅱ，地基作为刚片 Ⅲ，Ⅰ、Ⅱ、Ⅲ 大刚片又符合三刚片规则组成无多余联系的几何不变体系。

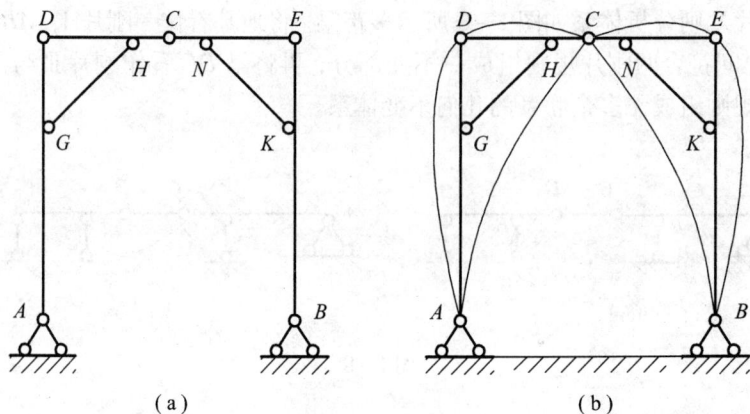

图 1 - 10

1.3.4 体系中的刚片与链杆

分析时，对于某一些部分是看作刚片还是看作链杆，视情况而定。如图 1 - 11 可把地基视为一个刚片 Ⅰ；刚架中间的 T 形部分 BCE 本身是一个整体，可作为一个刚片 Ⅱ。左边部分 AB 虽然是折线形，但其本身是一个刚片，而且只用两个铰 A、B 与其他部分相连，因此它的作用相当于 A、B 两铰连线上的一根链杆，如图(a)中的虚线所示。同理，CD 部分也相当于一根链杆。

这样，此刚架相当于图 1 - 11(b) 所示的情况。从图(b)分析可知，两刚片 Ⅰ 和 Ⅱ，用 AB、CD、EF 三根既不完全平行也不汇交于一点的链杆相连，符合"两刚片规则"要求，故知其为几何不变体系。

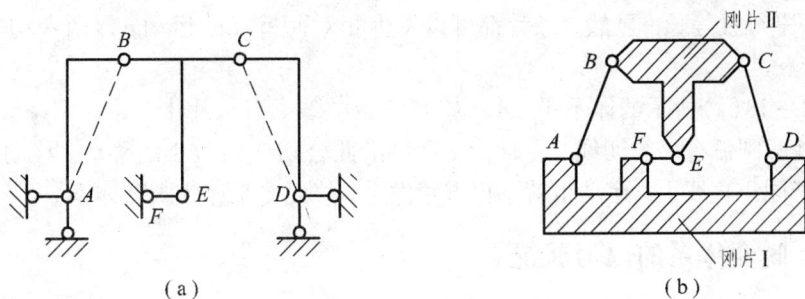

图 1-11

1.4　瞬变体系

前节论述的三个规则中，都分别提出了一些限制条件，如联结两刚片的三根链杆，不能完全交于一点，也不能完全平行；又如联结三刚片的三个单铰（或虚铰），不能在同一直线上等等。现就各规则中提出的限制条件，作如下的讨论。

1.4.1　瞬变体系的概念

如图 1-12(a)所示的两个刚片，用三根链杆相连，当三根链杆的延长线相交于一点 O 点时，两个刚片可绕 O 点作相对转动。但经微小转动后，三根链杆不再相交于一点，从而两个刚片不再继续发生相对转动。将这种在某一瞬间可产生微小运动的体系，称为瞬变体系。

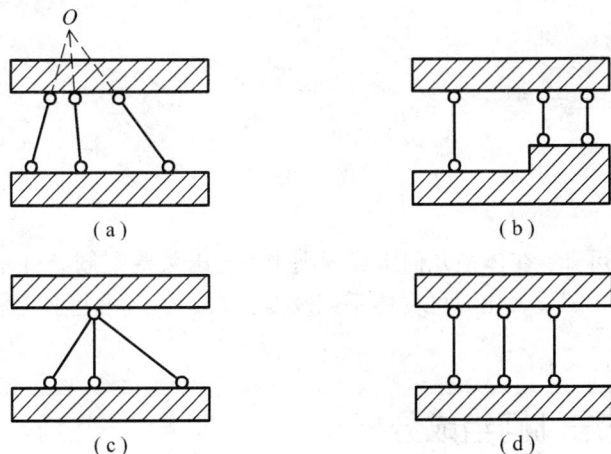

图 1-12

又如图 1-12(b)所示，当两个刚片，用完全平行但不等长的三根链杆相连时，可认为三根链杆相交于无穷远处。此时的两刚片，可以沿着与链杆垂直的方向发生相对移动。当发生微小的相对移动后，三根链杆不再相互平行，这种体系也是瞬变体系。

图 1-12(c)(d)所示的是两刚片用三根链杆相连的特殊情况。(c)是三根链杆交于一点；

13

(d)是三链杆平行且等长。显然，二者都可以发生相对而持续的运动，即两者均为几何可变体系。

再如图 1-13(a)所示的体系中，A、B、C 三铰共线。当刚片 Ⅰ、Ⅱ 分别绕铰 A、B 转动时，在 C 点处两圆弧有一公切线，此时，铰 C 可沿此公切线做微小的移动。移动之后，三个铰就不再位于同一直线上，运动也就不再继续发生，故此体系亦为瞬变体系。

1.4.2 瞬变体系的内力状况

现分析图 1-13(a)所示的瞬变体系中两杆 AC 和 BC 的内力。设在外力 P 作用下，C 铰向下发生一微小位移，达到 C' 位置，如图 1-13(b)所示，此刻瞬变体系转为几何不变体系。现取结点 C' 为分离体，如图 1-13(c)所示。由

$$\sum X = 0：N_1 = N_2 = N$$
$$\sum Y = 0：2N\sin\theta - P = 0$$

得

$$N = P/2\sin\theta$$

由上式可知：当角 θ 减小时，N 值便增大。若 $P \neq 0$，而 θ 值 $\to 0$ 时，则 $N \to \infty$。这表明，瞬变体系即使在很小的荷载 P 作用下，杆 AC 和 BC 将产生很大的内力和变形，从而可能导致体系的破坏。

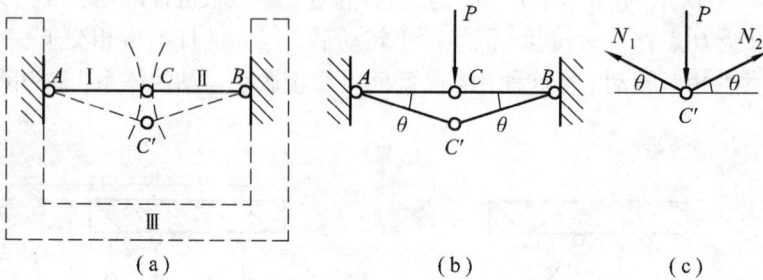

图 1-13

综合上述的分析可知，在体系几何组成规则中，提出某些限制条件是非常必要的，可以防止瞬变体系的产生。因此，几何可变体系或瞬变体系，在工程上不能采用，而且对接近于瞬变的体系也宜避免。

1.5 无虚铰法几何组成分析

本节通过例题，阐明如何对简单体系作几何构造分析。

1.5.1 几何组成分析的步骤

(1)看体系与地基有几个联系，刚好三个时，且满足两刚片规则时，可先拆除地基；多于三个时，将地基作为刚片分析。

14

（2）选择其中某部分，用三个规则中的一个套用，依次分析下去。

1.5.2 几何组成分析举例

【例1.1】对图1-14所示体系进行几何组成分析。

分析：（1）先拆除地基，分析体系本身。

（2）将12杆看作刚片，依次增加二杆外点3、4、5、6。

（3）整个体系为无多余联系的几何不变体系。

【例1.2】对图1-15所示体系进行几何组成分析。

分析：（1）先拆除地基，分析体系本身。

（2）将杆123看作刚片，增加二杆外点5成大刚片Ⅰ。

（3）刚片Ⅰ与刚片346符合二刚片规则。

（4）整个体系为无多余联系的几何不变体系。

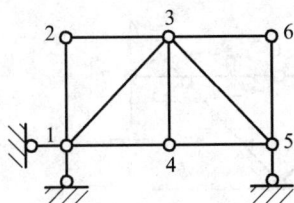

图 1-14

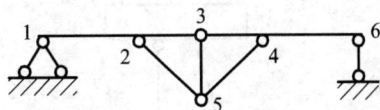

图 1-15

【例1.3】对图1-16所示体系进行几何组成分析。

分析：（1）体系与地基有四个联系，故将地基看作一刚片Ⅰ。

（2）在曲杆 ADC 上增加二杆外点 E 看作刚片Ⅱ。

（3）在曲杆 BKC 上增加二杆外点 G 看作刚片Ⅲ。

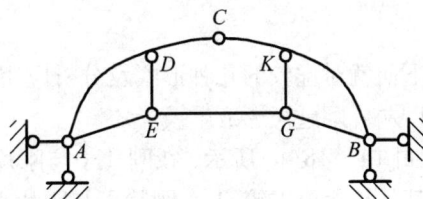

图 1-16

（4）刚片Ⅰ、Ⅱ、Ⅲ符合三刚片规则，EG 杆为多余。

（5）整体为有一个多余联系的几何不变体系。

【例1.4】对图1-17所示体系进行几何组成分析。

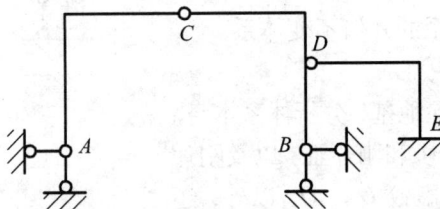

图 1-17

分析：(1)体系与地基有七个联系，故将地基看作一刚片Ⅰ。

(2)将 AC 看作刚片Ⅱ，将 BDC 看作刚片Ⅲ。

(3)刚片Ⅰ、Ⅱ、Ⅲ符合三刚片规则，组成无多余联系的大刚片Ⅰ-Ⅱ-Ⅲ。

(4)刚片 ED 与地基有固定联结即三个联系符合二刚片规则，D 铰为多余约束。

(5)整体为有两个多余联系的几何不变体系。

1.6 虚铰的五种形式及分析应用

要正确地进行几何组成分析，必须先对虚铰有一个熟练的掌握，特别是对于比较难的几何体系进行分析，更是如此。什么是虚铰呢？这里先对虚铰下一个定义：虚铰是指两个刚片之间由两根链杆相连，且此二链杆的延长线交成的交(铰)点，如图 1-18(a)中 O 点。

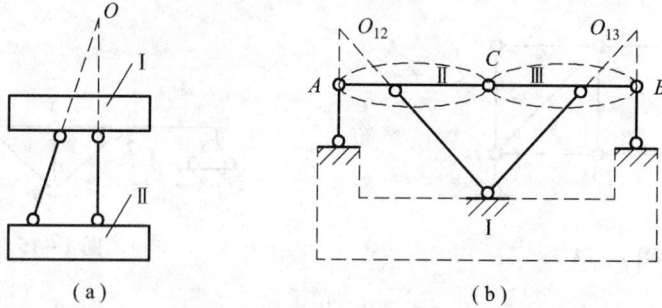

图 1-18

下面就对虚铰的几种形式及分析应用予以讨论。

1. 两杆均延长形成虚铰

如图 1-18(b)所示，在刚片Ⅰ与刚片Ⅱ之间，用一根短链杆和一根长链杆相连，这里两链杆都延长形成虚铰 O_{12}，刚片Ⅰ与刚片Ⅲ用同样的方法形成虚铰 O_{13}，O_{12} 和 O_{13} 就是我们最常见的虚铰表现形式，C、O_{12}、O_{13} 三铰不在同一直线上，由此得出结论：此体系为无多余联系的几何不变体系。

2. 一链杆延长形成虚铰

如图 1-19 所示，在刚片Ⅱ与刚片Ⅲ之间，用 EF 和 CD 两根链杆相连，形成虚铰 O_{12}，此虚铰的特点是：只一链杆延长，交于其中另一链杆上，而不是两杆都延长。由不在同一直线上的 A、B、O_{12} 三铰可知：此体系为无多余联系的几何不变体系。

3. 两杆均不延长形成虚铰

如图 1-20 所示，先拆除地基，分析体系本身。如图 1-20(b)所示，除刚片Ⅰ和刚片Ⅲ，以及刚片Ⅱ和刚片Ⅲ由两根链杆构成虚铰 O_{13}、O_{23} 以外，还有刚片Ⅰ和刚片Ⅱ用两交叉链杆相连，形成虚铰 O_{12}，此虚铰的特点是：两根链杆实际都不延

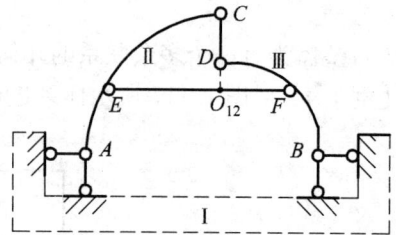

图 1-19

16

长，它的交叉点即是虚铰。由三刚片规则分析得此体系为无多余联系的几何不变体系。

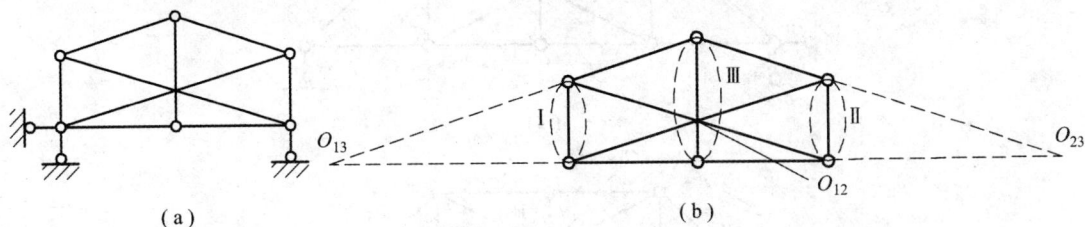

（a）　　　　　　　　　　　　（b）

图 1 – 20

4. 一杆延长形成的虚铰在链杆端点

如图 1 – 21（a）所示，先拆除地基分析体系本身。由图 1 – 21（b）可知，刚片 I 和刚片 II 由 GD 和 FA 两根链杆相连，构成虚铰 O_{12} 与 A 铰重合；刚片 I 和刚片 III 由 GE 和 FB 两根链杆相连，形成虚铰 O_{13} 与 B 铰重合。此二虚铰的特点是：一链杆延长交于另一链杆的端点，不易识别为虚铰。故由上述分析可知此体系 O_{12}、O_{13}、C 三铰在一直线上，体系为瞬变体系。

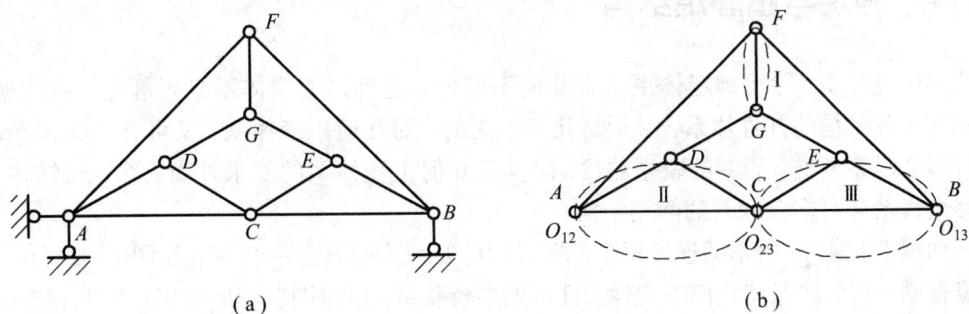

（a）　　　　　　　　　　　　（b）

图 1 – 21

5. 二链杆均延长形成虚铰在无穷远处

如图 1 – 22 所示，刚片 I 与刚片 II 由 AB 和 CD 两平行链杆相连，形成虚铰 O_{12}，同理，刚片 I 与刚片 III 由 GF 和 JH 两平行链杆相连形成虚铰 O_{13}。此二虚铰的特点是：两链杆平行，虚铰在无穷远处。由此最后判定此体系为瞬变体系。

掌握了虚铰的各种形式，同时能正确地应用三个组成规则，那么，对较难分析的体系也能顺利地分析清楚。

【例 1.5】对图 1 – 23（a）所示体系进行几何组成分析。

分析：拆除地基后如图所示，由体系中三个刚片可以知道，O_{13}、O_{23} 虚铰是上述第五种表现形式，而 O_{12} 是第三种形式的虚铰，因三铰在

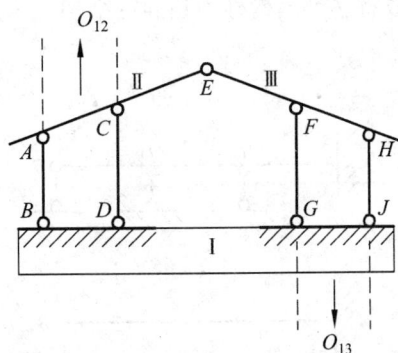

图 1 – 22

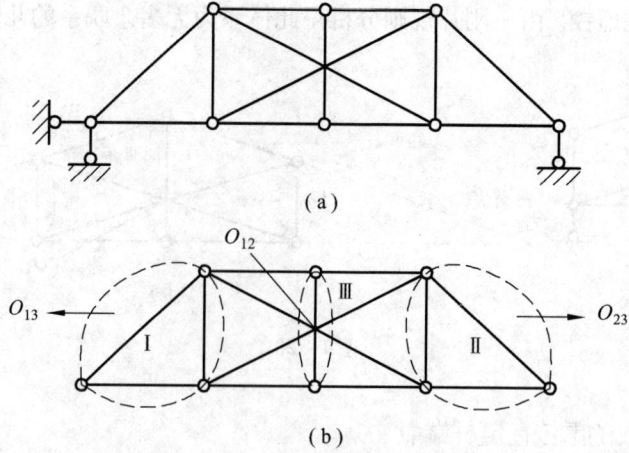

图 1 – 23

同一直线上，不难判断出此体系为瞬变体系或可变体系。

1.7　静定与超静定结构

几何构造分析，除可判定体系是否几何不变外，还可以说明体系是否静定。由前所述，用来作为工程结构的杆件体系，必须是几何不变的。而几何不变体系，又可分为无多余联系和具有多余联系两类。后者的联系数目，除满足几何不变体系的要求外尚有多余。结构可分为无多余联系和有多余联系的两类结构。

例如图 1 – 24(a)所示的连续梁，若将 C、D、B 三个链杆逐一去掉，如图 1 – 24(b)所示为一悬臂梁，它仍然保持几何不变性，且再无多余联系，所以图(a)所示的连续梁，有三个多余联系。又如图 1 – 25(a)所示的加劲梁，若将其链杆 CD 去掉，如图 1 – 25(b)所示，则它就成为没有多余联系的几何不变体系，故加劲梁具有一个多余联系。

求未知支座反力时，所列方程的解答为无穷多组。只靠平衡方程尚不能求得一组确定值，故将这类结构称为超静定结构。

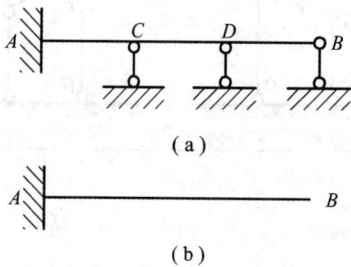

图 1 – 24

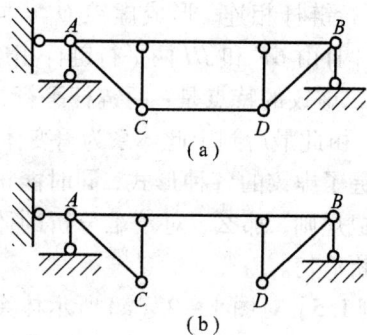

图 1 – 25

18

第 2 章　桁　架

2.1　概　述

实际中的桁架是由若干直杆,在两端用适当方式连接而组成的结构,它在工程中应用很广。武汉、南京长江大桥的主体结构就是用的桁架。施工中用的脚手架、输电线的铁塔架、起重机架等,都是桁架的实例。如图 2-1 所示为钢筋混凝土屋架桁架和钢木屋架。

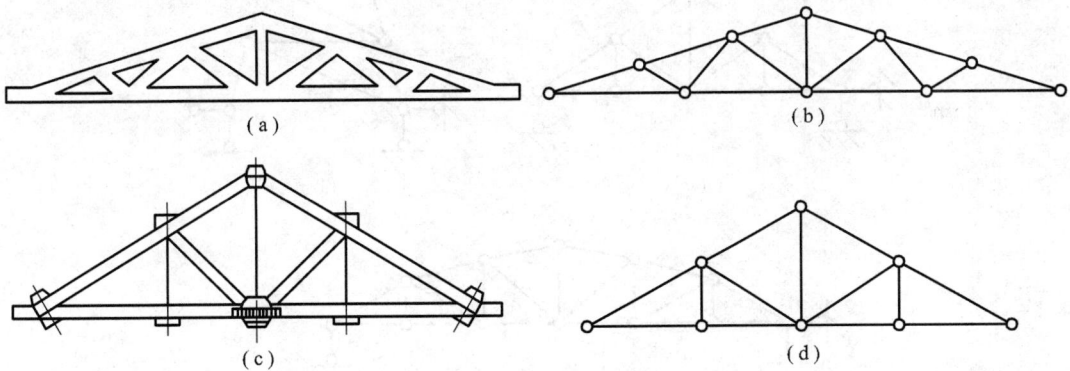

图 2-1

桁架杆件之间的连接方式、所用材料以及桁架的形式是各式各样的,要按照实际的桁架进行内力计算是较困难的。因此,在分析桁架时,必须抓住矛盾的主要方面,选取既能反映实际桁架的本质特性,又便于计算的图形,作为计算简图。模拟实验和理论分析的结果表明,在结点荷载作用下,桁架各杆件的内力主要是轴向力,而弯矩和剪力一般都很小,可略去不计。这样在选取桁架的计算简图时,引用了以下假定:

(1)各杆在两端均用光滑铰链联结。

(2)各杆的轴线都是绝对平直、在同一平面内且通过铰的几何中心。

(3)作用于桁架的荷载和支座反力,都位于桁架平面内,且作用在结点上。

(4)各杆自重不计,或平均分配在杆件两端的结点上。

符合以上假定的桁架,称为理想桁架。图 2-1(b)、(d)就是图 2-1(a)、(c)所示桁架的计算简图。理想桁架的各杆为二力杆,只有轴向力。横截面上的正应力均匀分布,可以充分发挥材料的作用,比实体结构(如梁)节省材料,自重较轻。这就是为什么在大跨度建筑物中,常采用桁架结构的原因。

在桁架中,杆件与杆件相互联结的点称为结点。桁架的杆件,由于所处位置不同,可分为弦杆和腹杆两类。上边缘的杆件叫上弦杆,下边缘的杆件叫下弦杆。腹杆又分为斜杆和竖杆。弦杆两相邻结点间的距离称为节间长 d，两支座间的距离 l 称为桁架的跨度。桁架最高点到两支座连线的垂直距离 h，称为桁架的高度，如图 2 - 2 所示。

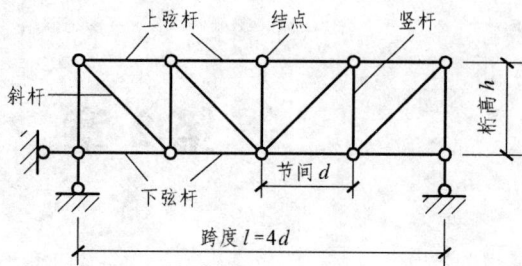

图 2 - 2

工程中常用的桁架，按其几何组成可分为：

（1）简单桁架。由基础或一个基本铰结三角形开始，依次增加二杆外点所组成的桁架。如图 2 - 3(a)、(b)、(c) 所示。

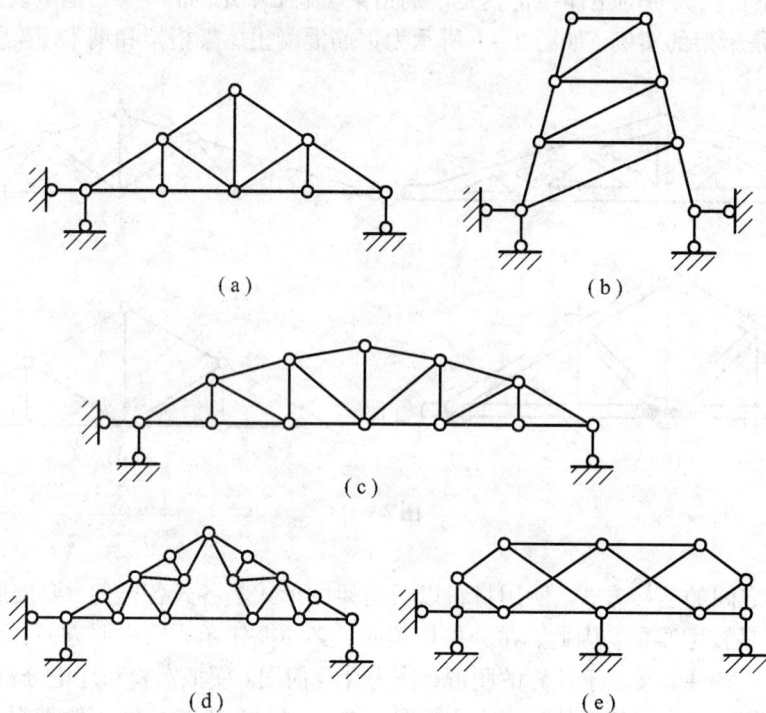

图 2 - 3

（2）联合桁架。由几个简单桁架，按照几何不变体系的组成规则所联成的桁架。如图 2 - 3(d) 所示。

（3）复杂桁架。凡不属于前两类的桁架，都属于复杂桁架。如图 2 - 3(e) 所示。

2.2 结点法求简单平面桁架内力

2.2.1 结点法

计算桁架杆件内力的数解法有结点法和截面法，本节讲解结点法。

20

整个桁架在外力(荷载和支座反力)作用下维持平衡,其中任取一部分也应是平衡的。结点法就是取一个结点为分离体,由结点的平衡条件计算杆件内力的方法。因为作用于结点的各力(荷载、反力、杆件轴力)组成平面汇交力系,可以列出两个独立的平衡方程式。故在选结点时,必须从只有两个未知力的结点开始,以后每次选取的结点,其未知力一般不应超过两个。

任一简单桁架,在先由整体平衡求出支座反力(悬臂式桁架可不用先求反力)后,只要遵循每个结点解两个未知轴力的原则,依次选取结点就能满足上述要求,顺利地求出桁架各杆轴力。为计算方便、少出错误,对未知杆的轴力均先假设为拉力,将它们的指向画成背离结点。如果计算结果得负值,表明轴力实际指向与假设相反,即杆的轴力为压力。此时,在受力图上不必更改其指向,只是在后面计算过程中若用到该内力时,应连同负号一并代入。

【例 2.1】 试用结点法计算图 2-4(a)所示桁架各杆的内力。

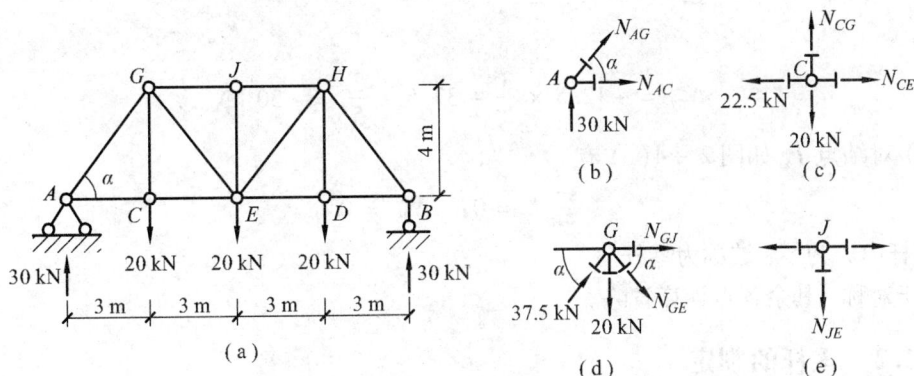

图 2-4

解:

(1)先对对桁架进行几何组成分析,得出该桁架为无多余联系的几何不变体系。

(2)求支座反力。由桁架整体平衡得

$$R_A = 30 \text{ kN}(\uparrow)$$
$$R_B = 30 \text{ kN}(\uparrow)$$

反力求出后,可截取结点解算各杆的内力。

首先,满足只包含两个未知力的结点有 A 或 B 结点。现在从 A 结点开始,然后依 C、G、J …次序进行计算。

(3)对结点 A,如图 2-4(b)有

$$\sum Y = 0: \quad 30 + N_{AG} \times \sin \alpha = 0$$

得

$$N_{AG} = -\frac{30}{\sin\alpha} = -\frac{30}{4/5} = -37.5 \text{ kN}$$

$$\sum X = 0: \quad N_{AG}\cos\alpha + N_{AC} = 0$$

得

$$N_{AC} = -N_{AG}\cos\alpha = -(-37.5) \times \frac{3}{5} = 22.5 \text{ kN}$$

(4)对结点 C，如图 $2-4(c)$ 有

$$\sum Y = 0: \quad N_{CG} = 20 \text{ kN}$$

$$\sum X = 0: \quad N_{CE} = 22.5 \text{ kN}$$

(5)对结点 G，如图 $2-4(d)$ 有

$$\sum Y = 0: \quad 37.5 \times \sin\alpha - 20 - N_{GE}\sin\alpha = 0$$

得

$$N_{GE} = \left(37.5 \times \frac{4}{5} - 20\right) \div \frac{4}{5} = 12.5 \text{ kN}$$

$$\sum X = 0: \quad N_{GJ} + N_{GE}\cos\alpha + 37.5\cos\alpha = 0$$

得

$$N_{GJ} = -12.5 \times \frac{3}{5} - 37.5 \times \frac{3}{5} = -30 \text{ kN}$$

(6)对结点 J，如图 $2-4(e)$ 有

$$\sum X = 0: \quad N_{JE} = 0$$

JE 杆内力为零，被称为零杆。

由于对称，其余各点计算省略。

2.2.2　零杆的判定

从上例可知，桁架杆件的内力有为零的情况，如 JE 杆件。内力为零的杆件称为零杆，它在桁架计算中是会常遇到的。但要明确，零杆并非无用的杆，它只是在特定荷载作用下内力为零的杆。若换了一种荷载情况，它的内力可能就不为零。且从几何组成看，静定平面桁架为没有多余约束的几何不变体系，如把零杆去掉就会变成几何可变体系，几何可变体系是不能作为工程结构的。

判断零杆的理论依据是结点法。**一根链杆，只要一端受力为零，则此杆就是零杆**，故判断零杆只需判一端就可以了。在下列特殊情况下，零杆可由平衡方程 $\sum X = 0$，$\sum Y = 0$ 经心算而得，而且还可以找出某些杆件之间的关系，使桁架的计算得以简化。

(1)无荷载作用的不共线的两杆结点，两杆内力必均为零，如图 $2-5(a)$ 所示，判时用三角框(△)框住结点。

(2)不共线的两杆结点，荷载沿一杆轴线作用，则另一杆内力必定为零。如图 $2-5(b)$ 所示，判时用方框(□)框住结点。

(3)无荷载作用的三杆结点，若有两杆共线，则第三杆轴力必定为零；而在同一直线上的两杆，内力大小相等，性质相同。如图 $2-5(c)$ 所示，判时用方框(□)框住结点。

【例2.2】　寻找图 $2-6$ 所示的桁架中的零杆判点，并判断出零力杆。

解：先对图示体系进行几何组成分析，得体系为无多余联系的几何不变体系，且支座反力全部不为零。然后：

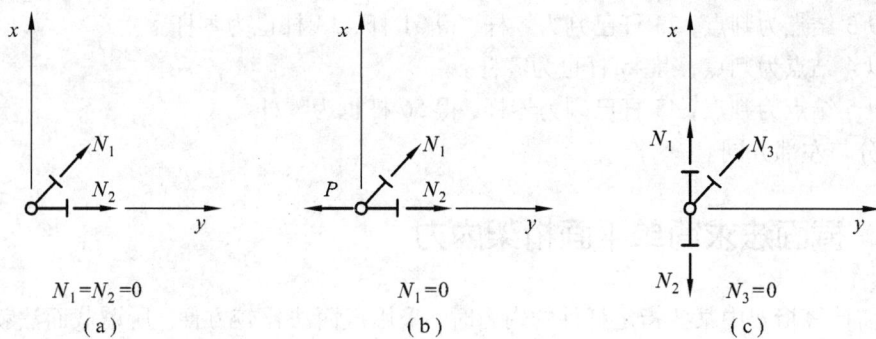

图 2 - 5

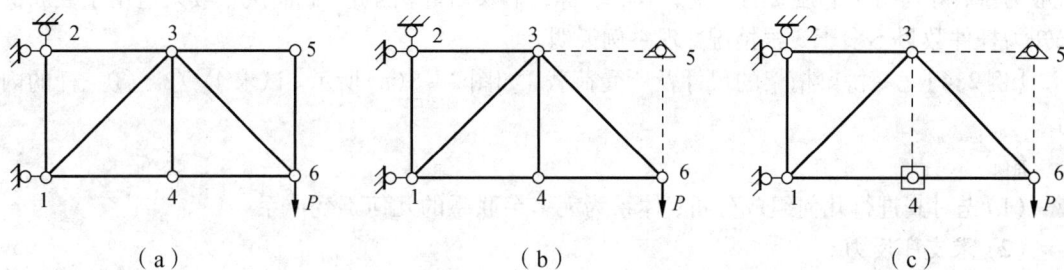

图 2 - 6

(1)以 5 结点为判点,得 53 杆、56 杆为零杆,如图 2 - 6(b)所示;

(2)以 4 结点为判点,得 34 杆也为零杆。

【例 2.3】 寻找图 2 - 7 所示的桁架中的零杆判点,并判断出零力杆。

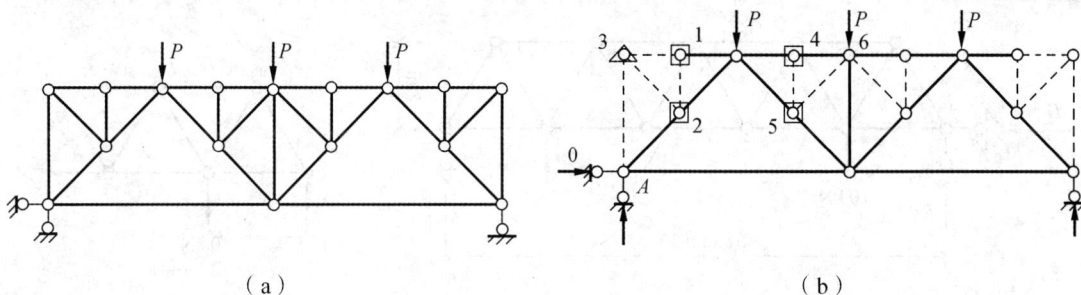

图 2 - 7

解:先对图示体系进行几何组成分析,得体系为无多余联系的几何不变体系,且只有水平支座反力为零。

左部分:

(1)以 1 结点为判点,得 12 杆为零杆,如图 2 - 7(b)所示。

(2)以 2 结点为判点,12 杆已判为零杆,得 23 杆也为零杆。自然 1 点到 P 力处的杆也是零杆。

(3)以 3 结点为判点，23 杆已判为零杆，得 31 杆、3A 杆也为零杆。

(4)以 4 结点为判点，得 45 杆也为零杆。

(5)以 5 结点为判点，45 杆已判为零杆，得 56 杆也为零杆。

右部分与左部分同。

2.3 截面法求简单平面桁架内力

当只需计算桁架中某些指定杆件的内力时，采用截面法比较方便。所谓截面法就是以平面一般力系为理论依据，通过欲求内力的杆件，作一个假想截面，将桁架截为两部分，取一部分为研究对象。作用在该部分桁架上的荷载、反力和被截断杆件的内力，组成平衡的平面一般力系，可列出 3 个独立的平衡方程，求解 3 个未知量。因此，截面法一般只适用于截断的未知力杆件数目不多于 3 根情况。现举例说明。

【例2.4】　一桥梁桁架的尺寸及所受荷载，如图 2-8(a)所示。试求①、②、③三杆的内力。

解:

(1)先对其进行几何组成分析，体系为无多余联系的几何不变体系。

(2) 求支座反力。

取桁架整体为研究对象:

由　　　　　　　　$\sum M_B = 0$ 得　$20 \times 3 + 10 \times 12 - 15 R_A = 0$

$$R_A = 12 \ \text{kN}(\uparrow)$$

$$\sum M_A = 0: \quad -10 \times 3 - 20 \times 12 + 15 R_B = 0$$

$$R_B = 18 \ \text{kN}(\uparrow)$$

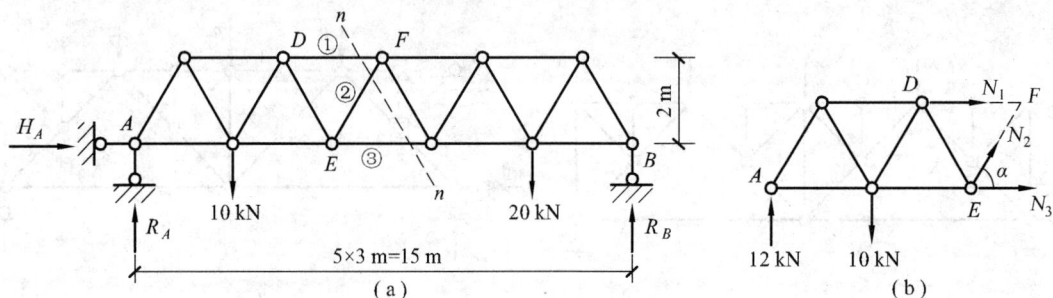

图 2 - 8

(3) 求杆件的内力。

用截面 $n - n$ 将杆①、②、③截断，取截面的左部分研究，其受力如图 2-7(b) 所示。

$$\sum M_E = 0: \quad -12 \times 6 + 10 \times 3 - N_1 \times 2 = 0$$

得　　　　　　　　　　　　$N_1 = -21 \ \text{kN}(压)$

$$\sum M_F = 0: \quad -12 \times 7.5 + 10 \times 4.5 + N_3 \times 2 = 0$$

得 $\qquad N_3 = 22.5 \text{ kN（拉）}$

$$\sum Y = 0 \colon \quad 12 - 10 + N_2 \times \sin\alpha = 0$$

得 $\qquad N_2 = -\dfrac{2}{\sin\alpha} = -\dfrac{2}{\dfrac{2}{\sqrt{2^2 + 1.5^2}}} = -2.5 \text{ kN（压）}$

（4）校核。

利用图 2 – 8(b) 中未用过的投影平衡方程进行校核

$$\sum X = N_1 + N_3 + N_2 \cos\alpha = (-21) + 22.5 + \left(-2.5 \times \frac{3}{5}\right) = 0$$

计算结果正确。读者还可用力矩平衡方程 $\sum M_D = 0$ 进行校核。

2.4 联合应用结点法和截面法

结点法和截面法是计算桁架杆件内力的两种常用方法，究其本质两者没有什么区别，只是后者所截取的是两个或两个以上结点的桁架一部分为分离体。对于简单桁架，当要求所有杆件内力时，用结点法；若只求某些杆件内力就用截面法。

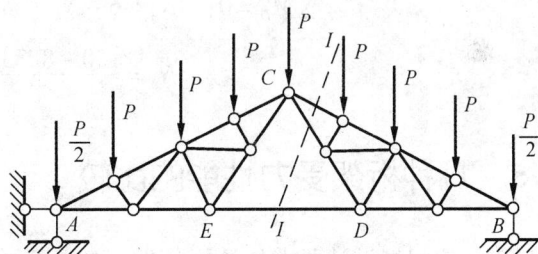

图 2 –9

对于联合桁架，单用结点法将会遇到未知力超过两个，使内力无法简便地求出。此时，必须先用截面法，把某些杆件的内力求出。如图 2 –9 所示桁架（称芬克式屋架），应先作 Ⅰ – Ⅰ 截面，取桁架右部分或左部分为分离体，列力矩平衡方程 $\sum M_C = 0$，求出联结杆件 DE 的内力，然后再对各简单桁架进行分析。一般来说，在计算桁架杆件内力时，应视具体情况，选择适宜的方法。对于一个题目，不必固定用某种方法计算到底，哪种方法简便就用哪种方法。有时还需要将两种方法联合使用。

【例 2.5】 求图 2 –10(a) 中 K 式桁架的 a、b、c 3 杆的轴力。

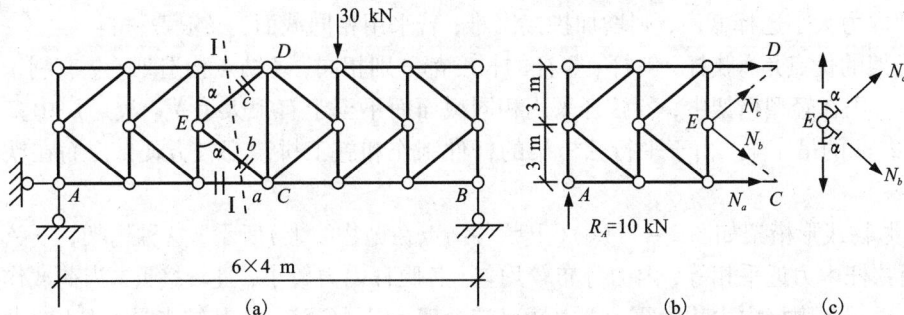

图 2 –10

25

解:

(1)分析。先对桁架进行几何组成分析,体系为无多余联系的几何不变体系,再求出支座反力,然后作截面Ⅰ—Ⅰ,取桁架左部分为分离体,画受力图如图2-10(b)所示,分离体上有4个未知力,而平衡方程只有3个,无法解算。

(2)列补充方程。取结点E为分离体,如图2-10(c)所示,根据前述结点平衡的特殊情况,有

$$\sum X = 0: \quad N_b + N_c = 0$$
$$N_b = -N_c$$

(3)求a、b、c3杆轴力。由图2-10(b)可得

$$\sum Y = 0: \quad 10 + N_c \sin\alpha - N_b \sin\alpha = 0$$
$$10 - 2N_b \sin\alpha = 0$$
$$N_b = \frac{10}{2\sin\alpha} = \frac{10}{2 \times 3}\sqrt{3^2 + 4^2} = 8.33 \text{ kN}$$
$$N_c = -8.33 \text{ kN}$$
$$\sum M_D = 0: \quad N_a \times 6 - N_b \cdot \sin\alpha \times 6 - 10 \times 12 = 0$$
$$N_a = \frac{120 - 8.33 \times (4/\sqrt{3^2 + 4^2}) \times 6}{6} = 13.34 \text{ kN}$$

2.5 几种桁架受力性能的比较

设计时,应根据设计要求与具体条件,选择不同形式的桁架。为此,必须知道杆件内力的大小(包括正负符号)与桁架外形的关系,了解各式桁架杆件的内力分布规律。下面以跨度、高度、节间及荷载都相同的3种常用桁架(三角形桁架、平行弦桁架和抛物线形桁架)进行比较。

(1)如图2-11(a)所示三角形桁架的弦杆,内力靠近端支座处最大,向跨中减小。在腹杆中,竖杆受拉,斜杆受压,越近跨中间,内力越大。杆件内力分布不均匀,若各杆均用同样截面尺寸,则造成浪费。且端结点处夹角较小,构造复杂。但其两面斜坡的外形,符合普通黏土瓦屋面对屋面坡度的要求,故适用在跨度较小、坡度大的屋盖结构中。

(2)如图2-11(b)所示的平行弦桁架弦杆,内力靠近支座处最小,由端支座向跨中间增大。在腹杆中,竖杆受压,斜杆受拉,靠近支座最大,越近中间,内力越小。内力分布不均匀。若按各杆内力大小选择截面,则增加拼接困难;若采用相同截面,又浪费材料。

该桁架的优点是,弦杆、斜杆、竖杆的长度都分别相同,各结点构造划一,有利于制作的标准化。若用在轻型桁架中,各弦杆采用相同截面而不至于有很大浪费。故厂房中多用于跨度大于12 m的吊车梁。由于平行弦桁架的杆件制作和施工拼装都较方便,因而在铁路桥梁中常被采用。

(3)抛物线形桁架如图2-11(c)(上弦各结点在抛物线上)所示,这种桁架,下弦杆内力相等,上弦杆内力近乎相等,内力分布较均匀。各腹杆内力较小,且较接近。当荷载作用在上弦各结点时,各腹杆内力均为零。受力情况较合理,用料经济。但其缺点是,上弦转折多,结点构造和施工较复杂。不过为节省材料起见,在大跨度的屋架(18~30 m)和大跨度桥梁

(100～150 m)中，常被采用。工程中为克服抛物线形桁架上弦转折太多、结点构造复杂、处理困难等缺点，在跨度为 18～24 m 的厂房中，常采用图 2-11(d)所示的折线形桁架。

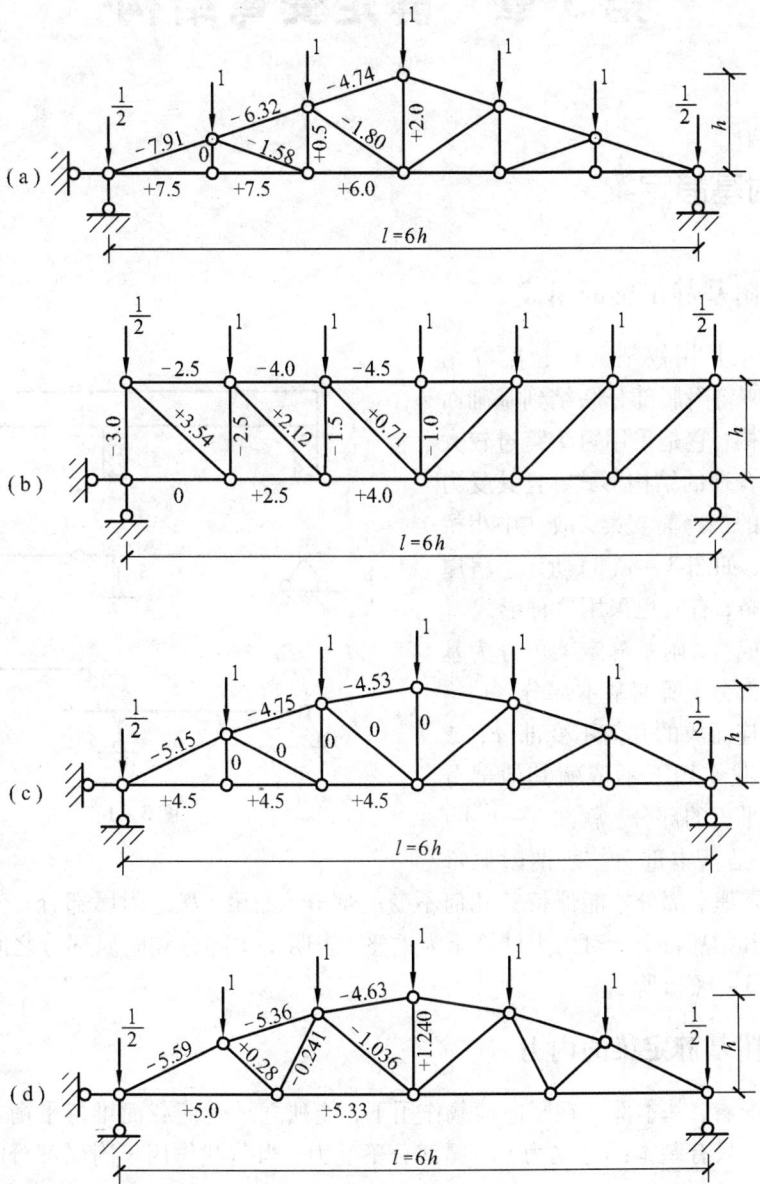

图 2-11

第3章 静定受弯结构

3.1 附基静定梁

3.1.1 附基静定梁的组成

附基静定梁是用铰把两根短梁联结起来，并用支座将附属部分联结到基础而得到的静定结构，它是采用短梁跨过较大跨度的一种较合理的结构形式，且其受力情况优于相应的二跨简支梁，故在中小桥梁上常被采用，如图3-1(a)所示。房屋建筑中的木檩条，有时也采用这种形式。

从几何组成看，附基静定梁可分为基本部分和附属部分。所谓基本部分，是指直接与基础相连而成的几何不变部分；或者是在竖向荷载作用下不依赖其他部分而本身能维持平衡的部分。就图3-1(b)而言，梁 ABC 是基本部分。所谓附属部分，是指须依靠基本部分才能保持其几何不变的部分，如梁 CD 是附属部分。分清附基静定梁的基本部分和附属部分，对内力计算至为重要。表明基本部分和附属部分之间相互依存关系的简图如图3-1(c)所示。

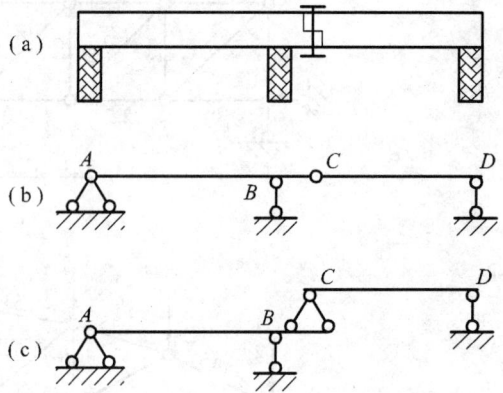

图 3-1

3.1.2 附基静定梁的内力

从受力情况看，基本部分在竖向荷载作用下，能独立承受荷载而维持平衡。当荷载作用于基本部分时，只有基本部分受力，附属部分不受力。当荷载作用于附属部分时，不仅附属部分受力，而且通过联结处的铰，还能将荷载效应传给基本部分，使基本部分也产生内力；当集中力作用在联结处时，此集中力只对基础部分产生影响。因此，计算顺序应该是：先计算附属部分，将求出的附属部分的约束反力再反向（即反作用力）加到基本部分，作为基本部分的荷载之一，这样方可进行基本部分的计算。图3-1(c)为依附关系图。

【例3.1】 试作图3-2(a)所示静定梁的内力图。

解：

(1)分清基本部分和附属部分。由几何组成分析可知，该梁是先固定 CD，然后固定 ABC。绘出依附图3-2(b)。

（2）计算各单跨梁的支座反力。

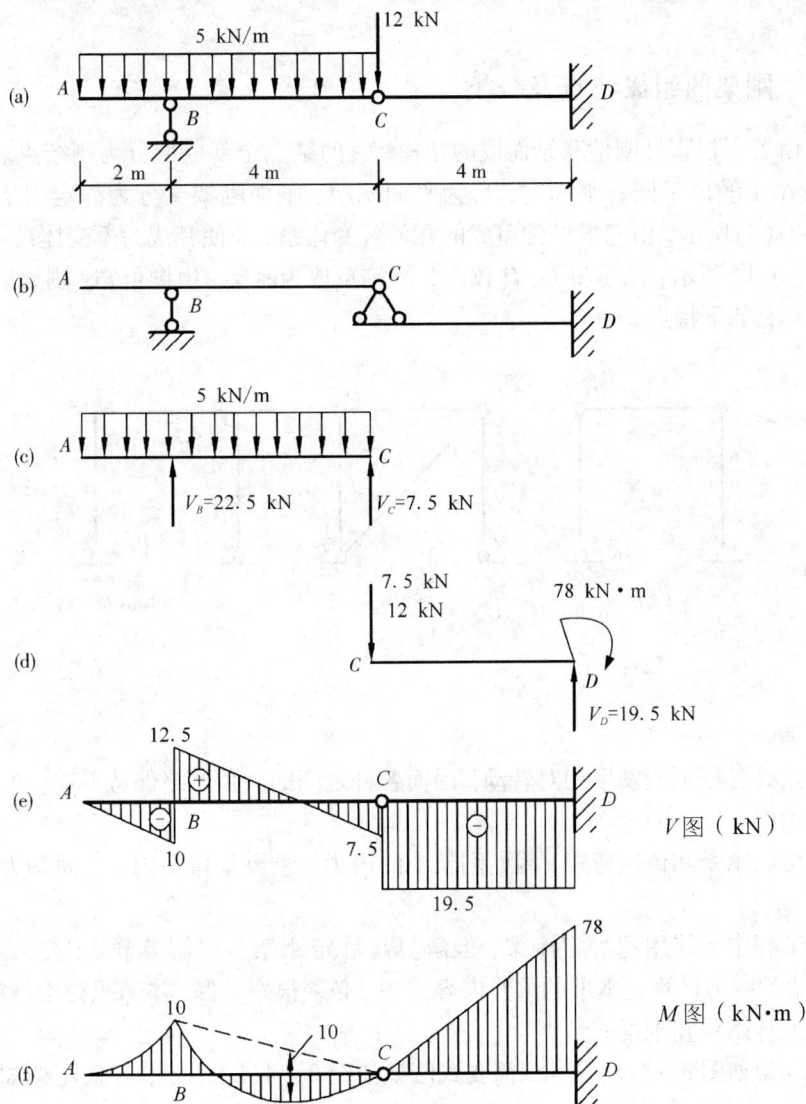

图 3 – 2

由 *ABC* 梁的平衡可求得：

$$V_B = 22.5 \text{ kN}, \quad V_C = 7.5 \text{ kN}$$

将 V_C 反向作用在 *CD* 梁上，由平衡得：

$$V_D = 19.5 \text{ kN}(\uparrow), \quad M_D = 78 \text{ kN} \cdot \text{m}$$

（3）画弯矩图和剪力图。

依各单跨梁的荷载和反力情况，分别画出各单跨梁的弯矩图和剪力图，连成一体，即得整个多跨静定梁的弯矩图和剪力图，如图 3 – 2(e)、(f)所示。

3.2 静定平面刚架

3.2.1 刚架的组成特点及分类

刚架是由若干根直杆刚性联结而成的结构，它的结点全部或部分为刚结点。刚架的各杆轴线与荷载作用线位于同一平面时，称为平面刚架。平面刚架又分为静定刚架和超静定刚架。如图3-3(a)所示，由三根杆件组成的几何可变体系，要使其成为不变体系：一是加一根链杆如图3-3(b)所示，二是将 C、D 铰改为刚结点成为刚架。由图可知：刚架形成的建筑空间较大。其具有如下特点。

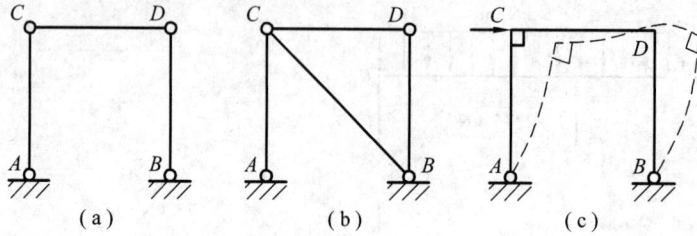

图3-3

1. 变形特点

在刚结点处各杆不能发生相对转动，因而各杆之间的夹角始终保持不变[图3-3(c)]。

2. 受力特点

刚结点可以承受和传递弯矩，因而刚架中的内力，主要是弯矩内力，而轴力和剪力产生的变形小。

在实际工程中多使用超静定刚架，但解算超静定刚架是以解算静定刚架为基础的。因此，静定刚架的内力计算是本书的重要内容之一，必须很好掌握。本节只讨论静定平面刚架。

3. 常用的静定平面刚架的分类

悬臂式刚架如图3-4(a)所示，简支式刚架如图3-4(b)所示，三铰刚架如图3-4(c)所示。

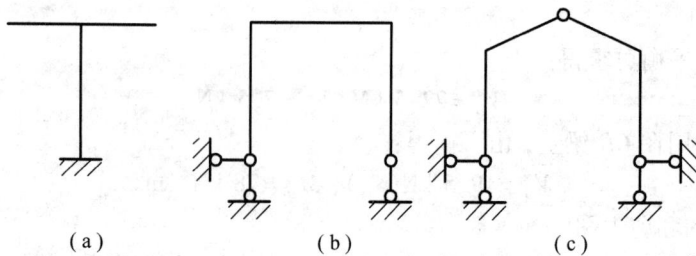

图3-4

3.2.2 刚架的内力计算

一般情况下,计算内力之前,先取整体或某个部分,用静力平衡条件求出支座反力和各铰结处的约束反力。然后计算出各杆杆端(或控制截面)的内力,并根据荷载与内力之间的微分关系,利用画内力图的规律,绘出各杆段的内力图。

为明确表示杆端内力,规定在内力符号后面用两个脚标:第一个表示内力所属截面;第二个表示该截面所属杆件的另一端。例如 M_{BC} 表示 BC 杆 B 端截面的弯矩,M_{BD} 表示 BD 杆 B 端截面的弯矩。

在取杆段为分离体画受力图时,杆端内力(对分离体而言应称外力)以设为正为宜。剪力规定为:使分离体有顺时针转动的趋势为正;轴力规定以拉力为正。弯矩符号由于刚架杆件除水平杆外,还有竖杆和斜杆,故在计算弯矩时,可以假设弯矩使杆件内侧受拉为正。在绘制内力图时,弯矩图画在纤维受拉一侧,图上不标注正、负符号。剪力图、轴力图可画在杆件的任一侧,但必须注明正、负符号。

【例 3.2】试作图 3 - 5(a)所示的悬臂刚架指定截面 1、2、3、4、5 的内力。

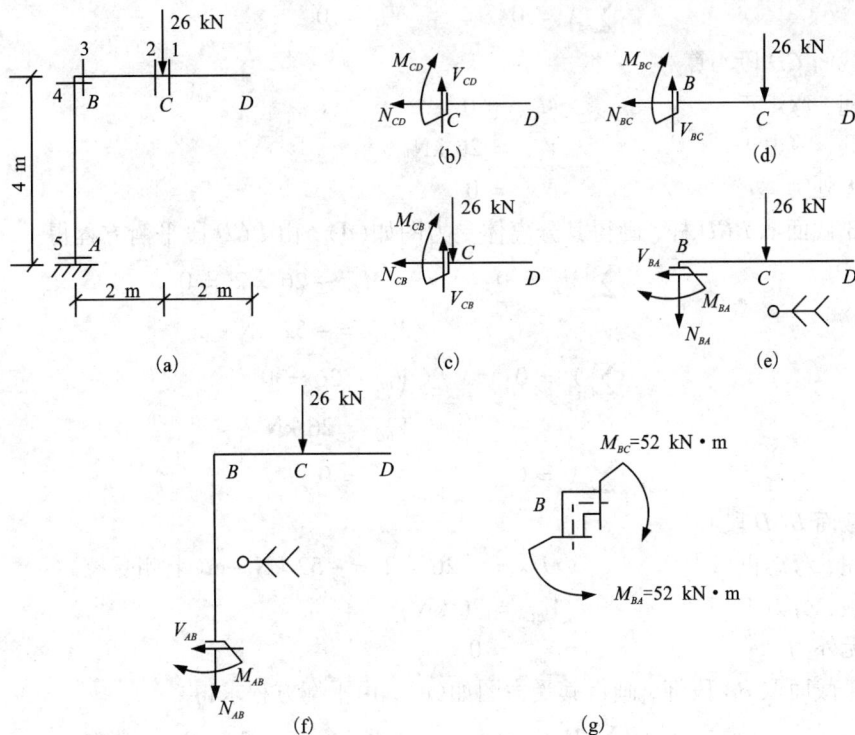

图 3 - 5

解:

(1)悬臂刚架的内力计算与悬臂梁相似,一般从自由端开始,可不必求支座反力。对于图示刚架,可拆分成 DC、CB、BA 三杆段来讨论。

(2)求指定截面内力。

31

对于 1 截面 DC 杆段，受力图如(b)，由 DC 段平衡知

$$\sum M_C = 0: \quad M_{CD} = 0$$

$$\sum Y = 0: \quad V_{CD} = 0$$

$$\sum X = 0: \quad N_{CD} = 0$$

根据工程力学知取 1 截面 CD 段心算

梁上翘、弯矩正 $M_{CD} = 0$

外力顺、剪力正 $V_{CD} = 0$

轴向无外力 $N_{CD} = 0$

对于 2 截面取 CD 杆段，受力如图(c)，由 CD 段平衡方程得

$$\sum M_C = 0: \quad -M_{CB} - 26 \times 0 = 0$$

$$M_{CB} = 0$$

$$\sum Y = 0: \quad V_{CB} - 26 = 0$$

$$V_{CB} = 26 \text{ kN}$$

$$\sum X = 0: \quad N_{CB} = 0$$

取 2 截面 CD 段心算

梁上翘、弯矩正 $M_{CB} = 0$

外力顺、剪力正 $V_{CB} = 26 \text{ kN}$

轴向无外力 $N_{CB} = 0$

对于 3 截面取 BCD 杆，画得其分离体受力图如(d)，由 BCD 段平衡方程得

$$\sum M_B = 0: \quad -M_{BC} - 26 \times 2 = 0$$

$$M_{BC} = -52 \text{ kN} \cdot \text{m}$$

$$\sum Y = 0: \quad V_{BC} - 26 = 0$$

$$V_{BC} = 26 \text{ kN}$$

$$\sum X = 0: \quad N_{BC} = 0$$

取 3 截面 BCD 段心算

梁上翘、弯矩正 $M_{BC} = -26 \times 2 = -52 \text{ kN} \cdot \text{m}(上侧受拉)$

外力顺、剪力正 $V_{BC} = 26 \text{ kN}$

轴向无外力 $N_{BC} = 0$

对于 4 截面取 BA 段杆，画得其受力图如(e)，由平衡方程求得

$$\sum M_B = 0: \quad -M_{BA} - 26 \times 2 = 0$$

$$M_{BA} = -52 \text{ kN} \cdot \text{m}$$

$$\sum Y = 0: \quad V_{BA} - 0 = 0$$

$$V_{BA} = 0$$

$$\sum X = 0: \quad N_{BA} + 26 = 0$$

$$N_{BA} = -26 \text{ kN}$$

取 4 截面取 *BCD* 段心算

梁上翘、弯矩正	$M_{BA} = -26 \times 2 = -52 \ \text{kN} \cdot \text{m}$（外侧受拉）
平行向无外力	$V_{BA} = 0$
同向平行外力为负	$N_{BA} = -26 \ \text{kN}$

对于 5 截面取 *ABCD* 段杆，画得其受力图如（f），由平衡方程求得

$$\sum M_A = 0: \quad -M_{AB} - 26 \times 2 = 0$$

$$M_{AB} = -52 \ \text{kN} \cdot \text{m}$$

$$\sum X = 0: \quad V_{AB} - 0 = 0$$

$$V_{AB} = 0$$

$$\sum Y = 0: \quad N_{AB} + 26 = 0$$

$$N_{AB} = -26 \ \text{kN}$$

取 5 截面 *ABCD* 段心算

梁上翘、弯矩正	$M_{AB} = -26 \times 2 = -52 \ \text{kN} \cdot \text{m}$（外侧受拉）
平行向无外力	$V_{AB} = 0$
同向平行外力为负	$N_{AB} = -26 \ \text{kN}$

由上述结果知，在刚结点 *B* 处，*BC* 段竖截面和 *BA* 段水平截面弯矩值相等，而且同是外侧受拉，也可从 *B* 结点的平衡得出这个结果，如图 3 – 5(g) 所示。

【例 3.3】试求图 3 – 6(a) 所示的简支刚架 1、2、3、4、5 指定截面的内力。

解：

(1) 先对体系进行几何组成分析，体系为无多余联系几何不变体系。

(2) 求支座反力，求得支座反力如图示。

(3) 作各截面受力图，如图 3 – 6(b)、(c)、(d)、(e)、(f) 所示。

(4) 求各截面内力。

对于 1 截面，取 1*A* 微杆段的受力如图(b)，由 1*A* 微杆段平衡方程得

$$\sum M_A = 0: \quad M_{AE} - 20 \times 0 = 0$$

$$M_{AE} = 0$$

$$\sum X = 0: \quad V_{AE} - 20 = 0$$

$$V_{AE} = 20 \ \text{kN}$$

$$\sum Y = 0: \quad N_{AE} - 2 = 0$$

$$N_{AE} = 2 \ \text{kN}$$

由工程力学知取 1 截面 1*A* 微段杆心算

梁上翘、弯矩正	$M_{AE} = 0$
外力顺、剪力正	$V_{AE} = 20 \ \text{kN}$
反向平行外力为正	$N_{AE} = 2 \ \text{kN}$

对于 2 截面，取 *CEA* 杆段画得其分离体受力图如(c)，由 *CEA* 段平衡方程得

$$\sum M_C = 0: \quad M_{CE} + 20 \times 2 - 20 \times 4 = 0$$

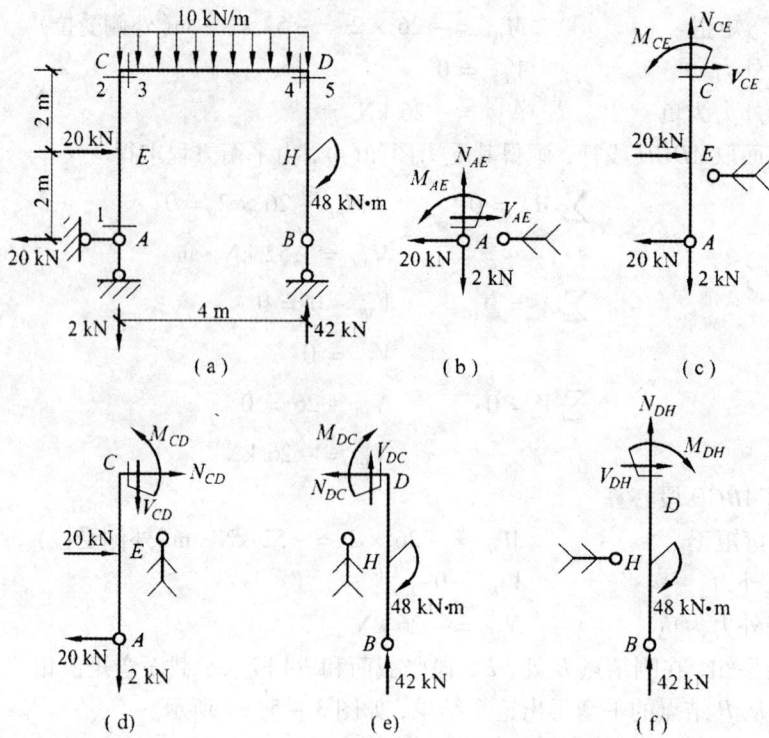

图 3 - 6

$$M_{CE} = 40 \text{ kN} \cdot \text{m}$$

$$\sum X = 0: \qquad V_{CE} + 20 - 20 = 0$$

$$V_{CE} = 0$$

$$\sum Y = 0: \qquad N_{CE} - 2 = 0$$

$$N_{CE} = 2 \text{ kN}$$

取 2 截面 CEA 段心算

梁上翘、弯矩正 $\qquad M_{CE} = 20 \times 4 - 20 \times 2 = 40 \text{ kN} \cdot \text{m}(右侧受拉)$

外力顺、剪力正 $\qquad V_{CE} = 20 - 20 = 0$

同向平行外力为负 $\qquad N_{CE} = 2 \text{ kN}$

对于 3 截面 CD 杆段,画得其分离体受力图如(d),由 CEA 段平衡方程得

$$\sum M_C = 0: \qquad M_{CD} + 20 \times 2 - 20 \times 4 = 0$$

$$M_{CD} = 40 \text{ kN} \cdot \text{m}$$

$$\sum Y = 0: \qquad V_{CD} + 2 = 0$$

$$V_{CD} = -2 \text{ kN}$$

$$\sum X = 0: \qquad N_{CD} - 20 + 20 = 0$$

$$N_{CD} = 0$$

34

取 3 截面 CEA 段心算

梁上翘、弯矩正 $M_{CD} = 20 \times 4 - 20 \times 2 = 40 \text{ kN} \cdot \text{m}$（右侧受拉）

（平行）外力顺、剪力正 $V_{CD} = -2 \text{ kN}$

反向平行外力为正 $N_{CD} = 0$

对于 4 截面取 DHB 杆段，画得其分离体受力图如（e），由 DHB 段平衡方程得

$$\sum M_D = 0: \quad\quad -M_{DC} + 42 \times 0 - 48 = 0$$

$$M_{DC} = -48 \text{ kN} \cdot \text{m}$$

$$\sum Y = 0: \quad\quad V_{DC} + 42 = 0$$

$$V_{DC} = -42 \text{ kN}$$

$$\sum X = 0: \quad\quad N_{DC} = 0$$

取 4 截面 DHB 段心算

梁上翘、弯矩正 $M_{DC} = 42 \times 0 - 48 = -48 \text{ kN} \cdot \text{m}$（右侧受拉）

（平行）外力顺、剪力正 $V_{DC} = -42 \text{ kN}$

轴向无外力 $N_{DC} = 0$

对于 5 截面取 DHB 杆段，画得其分离体受力图如（f），由 DHB 段平衡方程得

$$\sum M_D = 0: \quad\quad -M_{DH} + 42 \times 0 - 48 = 0$$

$$M_{DH} = -48 \text{ kN} \cdot \text{m}$$

$$\sum Y = 0: \quad\quad V_{DH} = 0$$

$$\sum X = 0: \quad\quad N_{DH} + 42 = 0$$

$$N_{DH} = -42 \text{ kN}$$

取 5 截面 DHB 段心算

梁上翘、弯矩正 $M_{DH} = 42 \times 0 - 48 = -48 \text{ kN} \cdot \text{m}$（右侧受拉）

（平行）外力顺、剪力正 $V_{DH} = 0$

反向平行外力为正 $N_{DH} = -42 \text{ kN}$

【例 3.4】 试绘图 3-7（a）所示简支刚架的内力图。

解：（1）图示刚架与地基联成整体，为几何不变无多余联系体系，由于是悬臂刚架，不需求支座反力。

（2）绘弯矩图。

以 C 处微段为研究对象 $M_{CB} = 0$

以 BC 段为研究对象 $M_{BC} = -6 \times 3 \times (3/2) = -27 \text{ kN} \cdot \text{m}$（上边受拉）

以 D 处微段为研究对象 $M_{CB} = 0$

以 BD 段为研究对象 $M_{BD} = -12 \times 3 = -36 \text{ kN} \cdot \text{m}$（上边受拉）

以 CBD 段为研究对象 $M_{BA} = 6 \times 3 \times (3/2) - 12 \times 3 = -9 \text{ kN} \cdot \text{m}$（左侧受拉）

以 CBDA 段为研究对象 $M_{AB} = 6 \times 3 \times (3/2) - 12 \times 3 = -9 \text{ kN} \cdot \text{m}$（左侧受拉）

绘得 M 图如图（b）所示，并由图（e）B 结点平衡知计算正确。

（3）绘剪力图。

研究对象同上得 $V_{CB} = 0$ $V_{BC} = -6 \times 3 = -18 \text{ kN}$

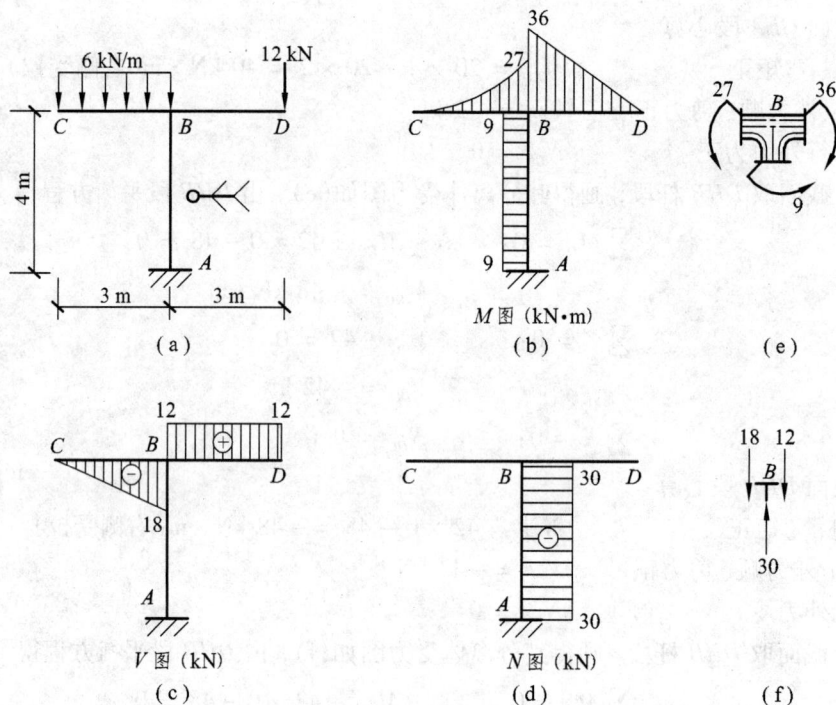

图 3 – 7

$$V_{DB} = 12 \text{ kN} \quad V_{BD} = 12 = 12 \text{ kN}$$

$$V_{BA} = 0 \quad V_{AB} = 0$$

绘得 V 图如图(c)所示。

（4）绘轴力图。

研究对象同上得 $N_{CB} = 0$ \qquad $N_{BC} = 0$

$$N_{DB} = 0 \qquad N_{BD} = 0$$

$$N_{BA} = -6 \times 3 - 12 = -30 \text{ kN} \quad N_{AB} = -6 \times 3 - 12 = -30 \text{ kN}$$

绘得 N 图如图(d)所示，由图(f)B 结点平衡知计算正确。

【例3.5】试绘图 3 – 8(a) 所示简支刚架的内力图。

解：（1）图示刚架与地基按两刚片规则联成整体，为几何不变无多余联系体系，对于简支刚架必须先求支座反力。

$$\sum X = 0 : 20 - X_A = 0$$

$$X_A = 20 \text{ kN}(\leftarrow)$$

$$\sum M_A = 0 : V_C \times 4 - 12 \times 5 - 8 \times 4 \times 2 - 20 \times 2 = 0$$

$$V_C = 41 \text{ kN}(\uparrow)$$

$$\sum Y = 0 : V_A - 8 \times 4 - 12 + 41 = 0$$

$$V_A = 3 \text{ kN}(\uparrow)$$

（2）绘弯矩图。

以 A 处微段为研究对象 $M_{AE} = 0$

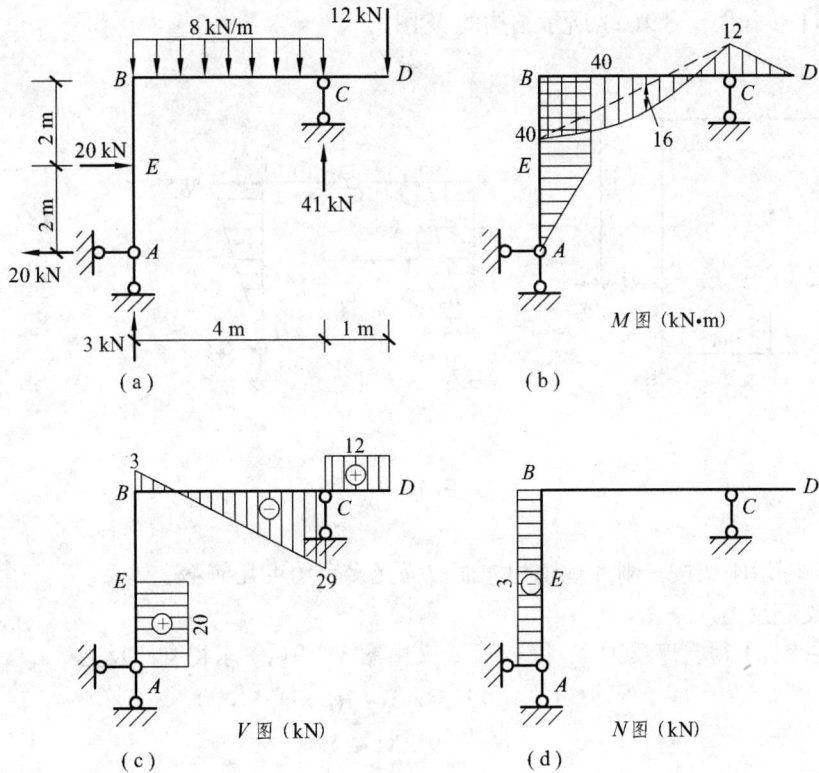

图 3 - 8

以 AE 段为研究对象 $M_{EA} = 20 \times 2 = 40\ \text{kN} \cdot \text{m}$(右侧受拉)

以 AB 段为研究对象 $M_{BE} = 20 \times 4 - 20 \times 2 = 40\ \text{kN} \cdot \text{m}$(右侧受拉)

以 AB 段为研究对象 $M_{BC} = 20 \times 4 - 20 \times 2 = 40\ \text{kN} \cdot \text{m}$(下边受拉)

以 CD 段为研究对象 $M_{CB} = -12 \times 1 = -12\ \text{kN} \cdot \text{m}$(上边受拉)

其中 BD 段有分布荷载作用,弯矩为二次曲线,用叠加法作 M 图,则

$$M_{中} = \frac{40 - 12}{2} + \frac{1}{8} \times 8 \times 4^2 = 30\ \text{kN} \cdot \text{m}(下侧受拉)$$

绘得 M 图如图(b)所示。

(3)绘剪力图。

研究对象同上得 $V_{AE} = 20\ \text{kN}$ $V_{EA} = 20\ \text{kN}$

$V_{EB} = 20 - 20 = 0$ $V_{BE} = 20 - 20 = 0$

$V_{BC} = 3\ \text{kN}$ $V_{CB} = 12 - 41 = -29\ \text{kN}$

$V_{CD} = 12\ \text{kN}$ $V_{DC} = 12\ \text{kN}$

绘得 V 图如图(c)所示。

(4)绘轴力图。

研究对象同上得 $N_{AE} = N_{EA} = N_{EB} = N_{BE} = -3\ \text{kN}$

$N_{BC} = N_{CB} = N_{CD} = N_{DC} = 0$

绘得 N 图如图(d)所示。

【例 3.6】 作图 3 – 9(a) 所示结构的 M 图。

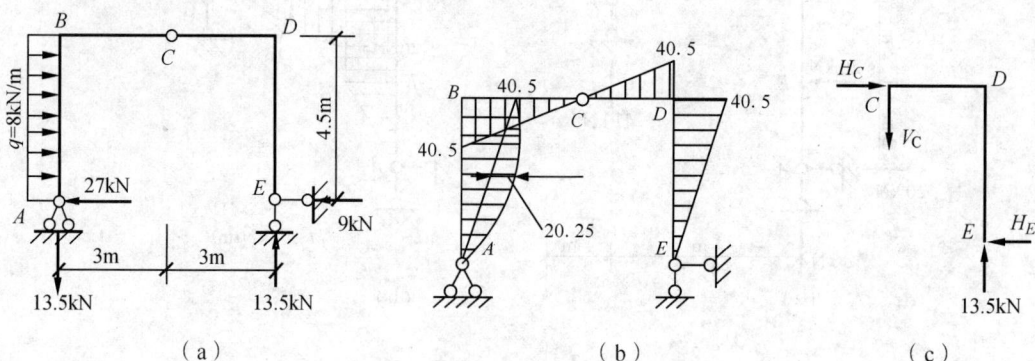

图 3 – 9

解： (1) 图示刚架按三刚片规则相连而成为无多余约束几何不变体系。

(2) 求支座反力。

由图 3 – 9(a) 得支座反力 V_A 和 V_E 后，又由图 3 – 9(c) 求得支座反力

$$\sum M_C = 0: 13.5 \times 3 - H_E \times 4.5 = 0$$

$$H_E = 9 \text{ kN}(\leftarrow)$$

$$V_C = 13.5 \text{ kN}(\downarrow), \quad H_C = 9 \text{ kN}(\rightarrow)$$

(3) 计算杆端弯矩值。

ED、DC 段上无荷载，所以弯矩图均为直线。

$$M_{DE} = -9 \times 4.5 = -40.5 \text{ kN} \cdot \text{m}(右侧受拉)$$

$$M_{DC} = -13.5 \times 3 = -40.5 \text{ kN} \cdot \text{m}(上侧受拉)$$

CB 段上无荷载，弯矩图为直线。

$$M_{CB} = 0$$

$$M_{BC} = 13.5 \times 3 = 40.5 \text{ kN} \cdot \text{m}(下侧受拉)$$

AB 段上有均布荷载，弯矩图为二次曲线。

$$M_{AB} = 0$$

$$M_{BA} = M_{BC} = 40.5 \text{ kN} \cdot \text{m}(右侧受拉)$$

(4) 作 M 图。

AB 段中部可由叠加原理求得其弯矩值

$$M_{中} = \frac{1}{8} \times 8 \times 4 \cdot 5^2 + \frac{40 \cdot 5}{2} = 40.5 \text{ kN} \cdot \text{m}$$

作得弯矩图如图 3 – 9(b) 所示。

3.3　三铰拱

3.3.1　拱的特性及分类

拱是杆轴线为曲线，且在竖向荷载作用下支座处会产生水平反力的结构。它广泛用于桥

涵、水工建筑、房屋建筑。

拱结构与梁结构的区别,不仅在于轴线的曲直,关键是看在竖向荷载作用下支座处有无水平反力。图 3 – 10(a)、(b) 所示两个结构,虽然轴线都是曲线,同跨度、受相同荷载作用,但两者的内力却不相同。图(a) 所示的结构,截面上的弯矩,与简支梁图 3 – 10(c) 相应截面的弯矩相同,支座处都无水平反力。故图(a) 所示的结构不是拱,而是曲梁。图 3 – 10(b) 所示的结构,在支座处有水平反力(又称推力),所以图(b) 所示结构是拱。拱结构又叫推力结构。

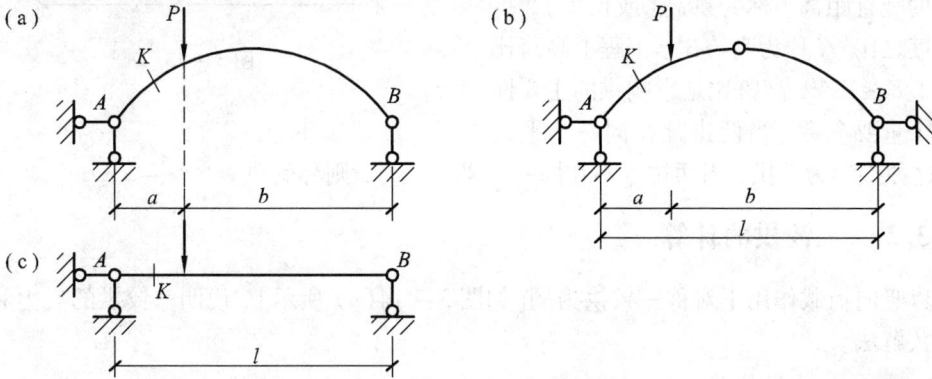

图 3 – 10

推力的存在,使拱中各截面的弯矩比相应的曲梁或简支梁的弯矩要小,且主要承受轴向压力。因此,拱宜采用砖、石、混凝土等抗压性能好而抗拉性能差的材料建造。拱结构的常用形式,按其支承联结情况有三种:三铰拱、两铰拱和无铰拱。如图 3 – 11 所示,其中三铰拱是静定的,后两种是超静定的。本节只讨论三铰拱。

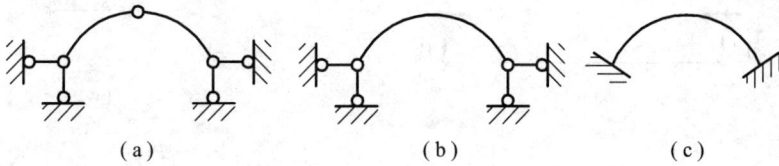

图 3 – 11

推力是拱结构的标志。它的存在固然减小了拱截面的弯矩,但它要由支座承受,使拱结构比梁结构对地基或支承结构(墙、柱、墩、台)的要求要高。为消除推力对支承结构的影响,在房屋建筑中,若用三铰拱作屋面承重结构,就在两支座间设置水平拉杆,以承受推力。如图 3 – 12(a) 所示,称为拉杆拱。为增大拱下净空,有时也将拉杆做成折线形,如图 3 – 12(b) 所示。

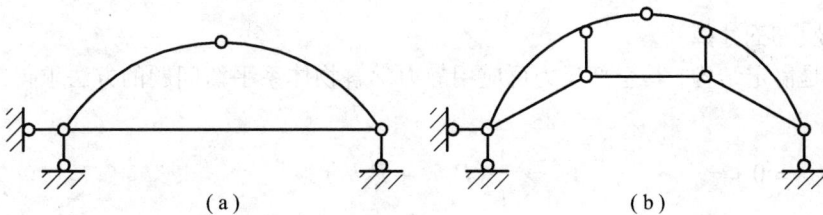

图 3 – 12

拱结构的有关名称如图 3 - 13 所示。拱各截面形心的连线称为拱轴线，拱的两端与支座联结处称为拱趾或拱脚，两拱趾间的水平距离称为拱的跨度 l，两拱趾的连线叫起拱线，拱轴线上距起拱线最远的一点叫拱顶。三铰拱通常在拱顶设置中间铰，拱顶到起拱线之间的竖直距离 f 称为拱高（或拱矢），拱高与跨度之比 f/l 称为高跨比。工程上高跨比一般为 $1/8 \sim 1/2$，高跨比是影响拱的主要性能的一个重要参数。当两拱趾在同一水平线

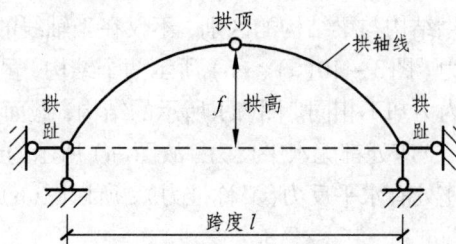

图 3 - 13

上时，这种拱称为平拱；当两拱趾不在同一水平线上时，则称斜拱。

3.3.2　三铰拱的计算

现以竖向荷载作用下对称三铰拱为例［如图 3 - 14(a) 所示］，说明三铰拱的反力和内力计算的数解法。

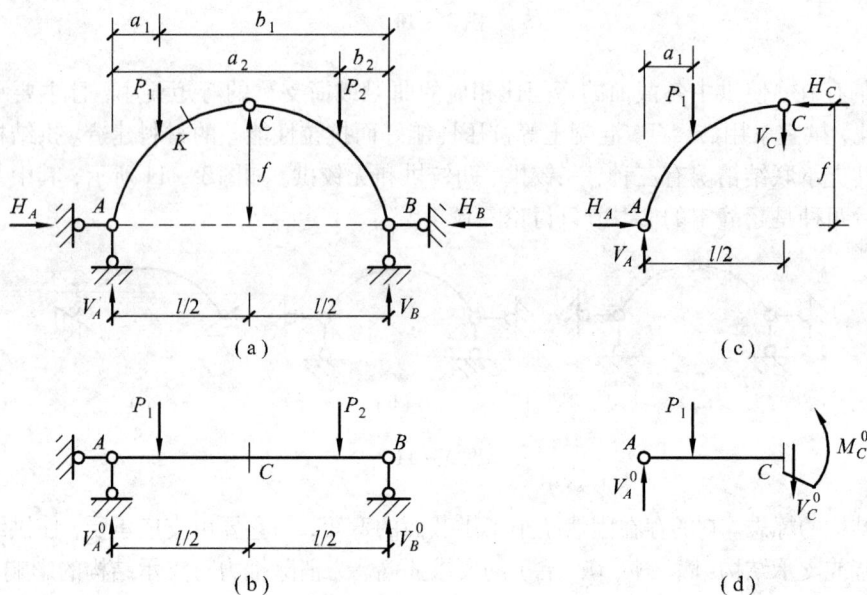

图 3 - 14

1. 支座反力的计算

三铰拱是静定结构，其全部反力可应用静力学解物体系平衡问题的方法求得。考虑拱的整体平衡。

由 $\sum M_B = 0$ 得
$$V_A = \frac{1}{l}(P_1 b_1 + P_2 b_2) \tag{3-1}$$

由 $\sum M_A = 0$ 得
$$V_B = \frac{1}{l}(P_1 a_1 + P_2 a_2) \tag{3-2}$$

由 $\sum X = 0$ 得 $\qquad\qquad H_A = H_B = H$ $\qquad\qquad\qquad$ (3-3)

再取左半拱为分离体，由 $\sum M_C = 0$ 得：

$$H = \frac{1}{f}\left[V_A \times \frac{l}{2} - P_1 \times \left(\frac{l}{2} - a_1 \right) \right] \tag{3-4}$$

考察拱反力的式(3-1)和式(3-2)的右边可知，它们的值恰与图 3-14(b)所示简支梁的竖向反力 V_A^0 和 V_B^0 相等。此简支梁的跨度、荷载与拱相同，称为拱的相应简支梁。由拱推力的公式(3-4)右边可知，其分子恰与相应简支梁截面 C 的弯矩 M_C^0 相等。故有：

$$V_A^0 = \frac{1}{l}(P_1 b_1 + P_2 b_2) = V_A \tag{3-5}$$

$$V_B^0 = \frac{1}{l}(P_1 a_1 + P_2 a_2) = V_B \tag{3-6}$$

$$M_C^0 = V_A \times \frac{l}{2} - P_1 \times \left(\frac{l}{2} - a_1 \right)$$

$$H = \frac{M_C^0}{f} \tag{3-7}$$

由上面三式可知，当三铰平拱承受竖向荷载作用时，拱的竖向支座反力等于相应简支梁的竖向支座反力，拱的水平反力等于相应简支梁跨中截面 C 的弯矩除以拱高。又由上面三式可知，拱的反力都与拱轴线形状无关，只取决于 A、B、C 三铰的位置。拱推力 H 与拱高 f 成反比：拱高越大，推力越小；拱高越小，推力越大。若 $f = 0$，推力无限大，A、B、C 三铰共线，成为几何瞬变体系，不能作为工程结构。

2. 任意截面内力计算

（1）截面位置及方向的确定。

拱轴线是曲线，拱轴上点表示的横截面是指该点与拱轴线切线垂直的平面。为求横截面的内力，应先确定截面位置。对于图 3-14(a)所示的拱，设拱轴线方程为 $y = y(x)$，则拱截面 K 的位置，由拱轴 K 点的坐标 (x_k, y_k) 和拱轴上 K 点的切线的倾角 φ_K 来确定，参见图 3-15(a)。其中 $\tan\varphi_K = \left(\dfrac{\mathrm{d}y}{\mathrm{d}x} \right)_{x = x_K}$。

（2）截面内力计算。

拱截面上的内力，一般有弯矩 M、剪力 V 和轴力 N。由工程力学可知，平行于横截面的内力称剪力，垂直于横截面的内力称轴力。由于拱结构的轴力通常为压力，规定正号表示压力；剪力仍以使分离体有顺时针转动趋向为正；弯矩以使内侧纤维受拉为正。用截面法求截面 K 的内力。取 AK 为分离体，画受力图，其中各未知力设正方向，如图 3-15(c)所示，为了导出内力计算公式，先取竖向截面如图(a)所示，相应简支梁段如图(b)所示。

由 $\sum M_K = 0$ 得 $\qquad\qquad M = V_A \cdot x - P_1 \cdot (x - a_1) - H_A \cdot y = M_K^0 - H_A \cdot y$

由 $\sum Y = 0$ 得 $\qquad\qquad V = V_A - P_1 = V_K^0$

由 $\sum X = 0$ 得 $\qquad\qquad N = H_A = H$

参考图(d)，将图(a)转化成图(c)所示内力：

$$M_K = M = M_K^0 - H_A \cdot y \tag{3-8}$$

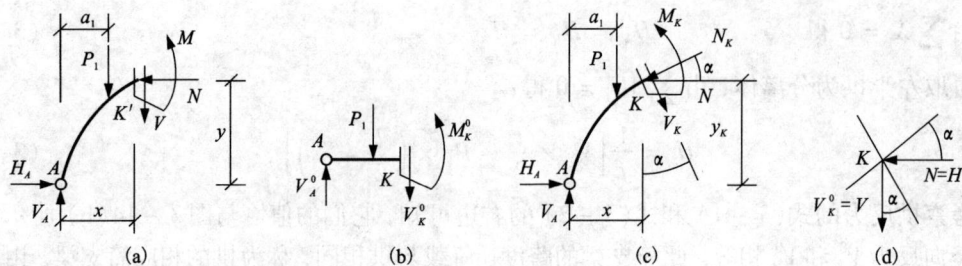

图 3 – 15

$$V_K = V_K^0 \cdot \cos\varphi_K - H \cdot \sin\varphi_K \qquad\qquad (3-9)$$

$$N_K = V_K^0 \cdot \sin\varphi_K + H \cdot \cos\varphi_K \qquad\qquad (3-10)$$

式 (3 – 8)、(3 – 9)、(3 – 10)，即为任意截面 K 的内力计算公式。当用在计算右半拱截面的内力时，倾角 φ_K 应取负值。

【例 3.7】 试求图 3 – 16(a) 所示三铰拱 D 截面的内力。已知拱轴方程为 $y = \dfrac{4f}{l^2}x(l-x)$。

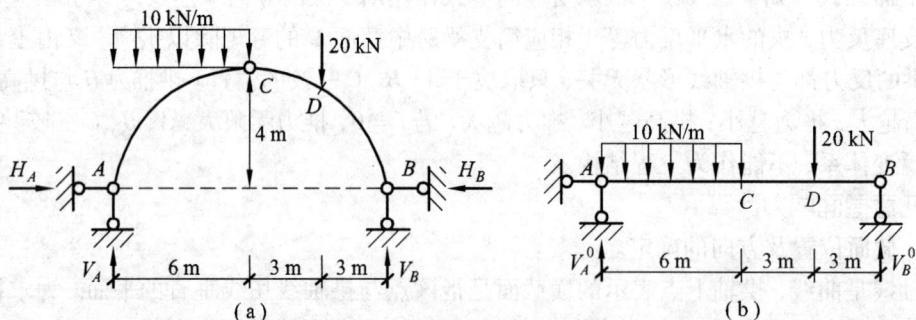

图 3 – 16

解：（1）求支座反力。

由式 (3 – 5)、(3 – 6)、(3 – 7) 得：

$$V_A = V_A^0 = \frac{10 \times 6 \times 9 + 20 \times 3}{12} = 50 \text{ kN}(\uparrow)$$

$$V_B = V_B^0 = \frac{10 \times 6 \times 3 + 20 \times 9}{12} = 30 \text{ kN}(\uparrow)$$

$$H = \frac{M_C^0}{f} = \frac{50 \times 6 - 10 \times 6 \times 3}{4} = 30 \text{ kN}(\rightarrow\!\!\leftarrow)$$

（2）求截面 D 的内力。

① 确定截面的位置。

截面 D 的形心坐标：

$$x = 9 \text{ m}$$

$$y = \frac{4f}{l^2}x(l-x) = \frac{4 \times 4}{12^2} \times 9 \times (12 - 9) = 3 \text{ m}$$

形心 D 处拱轴线的切线斜率为：

$$\tan\varphi_D = \left(\frac{dy}{dx}\right)_{x=9\text{m}} = \frac{4f}{l^2}(l - 2x)_{x=9\text{m}} = \frac{4 \times 4}{12^2}(12 - 2 \times 9) = -\frac{2}{3}$$

故切线倾角 $\varphi_D = -33.69°$。

$$\sin\varphi_D = -0.555, \quad \cos\varphi_D = 0.832$$

② 依公式求截面 D 的内力。

$$M_D = M_D^0 - H \cdot y_D = 30 \times 3 - 30 \times 3 = 0$$

在截面 D 处因有集中荷载作用，该截面两侧的剪力和轴力不相等，即 V、N 图要发生突变，应按截面左、右分别计算：

$$V_{D左} = V_{D左}^0 \cdot \cos\varphi_D - H \cdot \sin\varphi_D$$
$$= -10 \times 0.832 - 30 \times (-0.555) = 8.32 \text{ kN}$$
$$N_{D左} = V_{D左}^0 \cdot \sin\varphi_D + H \cdot \cos\varphi_D$$
$$= -10 \times (-0.555) + 30 \times 0.832 = 30.51 \text{ kN}$$
$$V_{D右} = V_{D右}^0 \cdot \cos\varphi_D - H \cdot \sin\varphi_D$$
$$= -30 \times 0.832 - 30 \times (-0.555) = -8.31 \text{ kN}$$
$$N_{D右} = V_{D右}^0 \cdot \sin\varphi_D + H \cdot \cos\varphi_D$$
$$= -30 \times (-0.555) + 30 \times 0.832 = 41.61 \text{ kN}$$

3.3.3　三铰拱的合理拱轴线

在一般情况下，拱截面上的内力有弯矩、剪力和轴力，只是弯矩、剪力较小，轴力较大。截面处于偏心受压状态，正应力非均匀分布。若在给定荷载作用下，能找到一条适当的拱轴线，使各截面上弯矩、剪力均为零，只有轴向压力，这样的拱轴线称为合理拱轴线，此时，任意截面上正应力均匀分布，拱材料能得到充分利用。

由前所述，在竖向荷载作用下，三铰拱任意横截面弯矩由式(3-8)求得：

$$M(x) = M^0(x) - H \cdot y$$

按合理拱轴线的定义有：

$$M(x) = M^0(x) - H \cdot y = 0$$

$$y = \frac{M^0(x)}{H} \tag{3-11}$$

式(3-11)是对应于给定的竖向荷载作用下合理拱轴线的方程。它的竖标 y，与相应简支梁的弯矩竖标成正比。因此，欲求三铰拱的合理拱轴线，只要求出相应简支梁的弯矩方程，再除以推力 H 即可。

【例3.8】 试求图 3-17(a) 所示三铰平拱在竖向均布荷载作用下的合理拱轴线。

解：(1) 列出与三铰拱相对应的简支梁弯矩方程，如图 3-17(b) 所示，计算拱的推力。

$$H = \frac{M_c^0}{f} = \frac{\frac{1}{8}ql^2}{f} = \frac{ql^2}{8f}$$

$$M^0 = V_A^0 x - \frac{1}{2}qx^2 = \frac{1}{2}ql \cdot x - \frac{1}{2}qx^2 = \frac{q}{2}x(l - x)$$

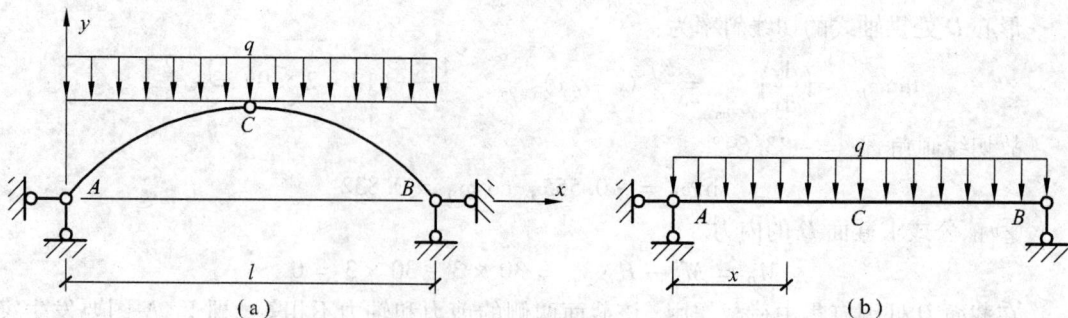

图 3 - 17

（2）求合理拱轴线方程。

$$y = \frac{M^0}{H} = \frac{q}{2}x(l-x) \times \frac{8f}{ql^2} = \frac{4f}{l^2}x(l-x)$$

由此可知，在满跨竖向均布荷载作用下，三铰拱的合理拱轴线是一条二次抛物线，所以在工程建筑中，常用二次抛物线作为拱轴线。若拱承受的荷载变了，则合理拱轴线也应随之改变。没有一条曲线在任何荷载作用下都是合理拱轴线。如图 3 - 18 所示三铰拱，受径向均布水压力作用下的合理轴线，就是圆曲线。读者可思考一下，如何证明。

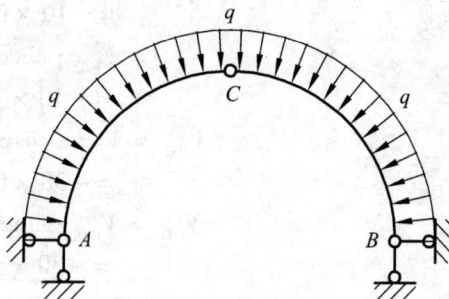

图 3 - 18

3.4　应用三铰拱公式计算三铰刚架

静定刚架的内力分析，不仅是强度计算的需要，而且也是位移计算和分析超静定刚架的基础，尤其是绘制弯矩图，以后应用更广，它是本课程最重要的基本功之一，务必切实掌握。值得指出的是，与三铰拱反力和内力计算方法相似，在三铰刚架中，常常也可以应用三铰拱公式来分析和计算三铰刚架的内力。这将进一步简化我们的计算，使解题更加方便快捷。

【例 3.9】试用三铰拱反力计算公式计算 DC 杆段 D 截面的内力，并绘出 M 图。

解：（1）求支座反力。

$$V_A = V_A^0 = \frac{10 \times 4 \times 6}{8} = 30 \text{ kN}(\uparrow)$$

$$V_B = V_B^0 = \frac{10 \times 4 \times 2}{8} = 10 \text{ kN}(\uparrow)$$

$$H = \frac{M_C^0}{f} = \frac{10 \times 4}{8} = 5 \text{ kN}(\rightarrow\!\leftarrow)$$

（2）求 D 截面内力。

$$M_{DC} = M_{DC}^0 - H \cdot y = 0 - 5 \times 6 = -30 \text{ kN} \cdot \text{m}(上边受拉)$$

$$V_{DC} = V_{DC}^0 \cos\varphi_D - H \cdot \sin\varphi_D = 30 \times \frac{2}{\sqrt{5}} - 5 \times \frac{1}{\sqrt{5}} = 24.6 \text{ kN}$$

44

$$N_{DC} = V_{DC}^0 \cdot \sin\varphi_D + H \cdot \cos\varphi_D = 30 \times \frac{1}{\sqrt{5}} + 5 \times \frac{2}{\sqrt{5}} = 17.89 \text{ kN}$$

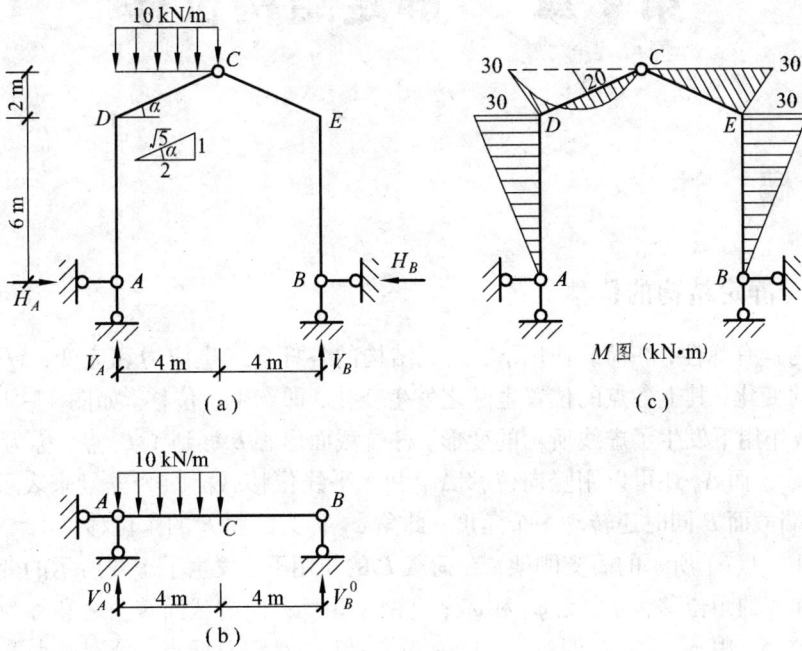

图 3 - 19

第4章 静定结构位移

4.1 概 述

4.1.1 静定结构的位移

假设结构具有弹性,在荷载作用下,组成结构的各杆会产生应力和应变,致使结构发生尺寸和形状的变化,其上各点的位置也随之发生变化,即产生了位移。如图 4 - 1(a) 所示的刚架,在荷载作用下发生了虚线所示的变形,杆端截面形心 B 移到了 B' 点,称为 B 点的线位移,用 Δ_B 表示。而 Δ_B 还可以用竖向位移 Δ_{BV} 和水平线位移 Δ_{BH} 两个分量来表示,如图 4 - 1(b) 所示。端截面 B 同时还转动一个角度,此角 φ_B 称为截面 B 的角位移。

又如图 4 - 1(c) 所示的简支刚架,在荷载 P 的作用下,发生了虚线所示的变形。支座处杆端截面 A 和 B 的角位移,分别为 φ_A 和 φ_B;这两个相反方向的截面转角之和称为 A 和 B 两截面的相对角位移,用 φ_{AB} 表示,即 $\varphi_{AB} = \varphi_A + \varphi_B$。此时,$C$ 和 D 两点,分别沿水平方向产生了线位移 Δ_C 和 Δ_D;这两个方向相反的水平线位移之和,称为 C 和 D 两点在水平方向的相对线位移,即 $\Delta_{CD} = \Delta_C + \Delta_D$。

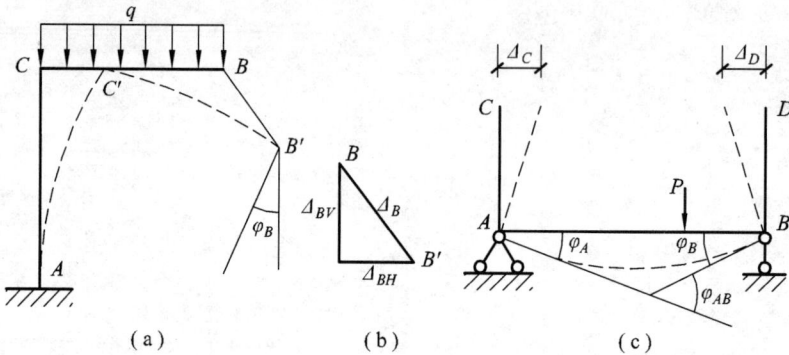

图 4 - 1

4.1.2 计算位移的目的

结构的位移计算十分重要,对结构设计和施工都有重要的实用价值。

1. 验算结构的刚度

结构在荷载作用和其他因素影响下,如果变形过大,即使结构不被破坏也不能正常使用。例如列车通过桥梁时,若桥梁的挠度(即竖向线位移)过大,则线路将不平顺,就会引起较大的冲击和振动而影响行车。为此，《铁路工程技术规范》中规定，桥梁在竖向静活载作用下的最大挠度，钢板梁不得超过跨度的 1/700，钢桁梁不得超过跨度的 1/900。在工程结构设计中，为使最大挠度不超过规范规定的许用值而进行的验算，就称为验算结构的刚度，因此，就必须计算结构的位移。

2. 预先求知结构位移

在结构的制作、运输、架设和养护过程中，常需要预先知道结构变形后的位置，以便作出有效的施工措施。例如钢梁在进行悬臂拼装过程中，必须事先计算出竖向位移的数值，以便采取相应的措施，确保施工安全和拼装就位。

3. 为分析超静定结构打下基础

由前面可知，超静定结构的内力，只凭静力平衡条件不可能全部确定，还必须考虑结构的变形条件，从而需要计算结构的位移。

应当指出：这里研究的结构，只限于线弹性变形体，即材料服从胡克定律，结构变形为小变形。这样位移与荷载成正比例关系，故位移计算可应用叠加原理。

4.2　虚功与虚功原理

我们在物理课中已学过功的概念，即功是由力和位移两个因素组成的，功的大小是力与在力的方向上的位移的乘积。例如图 4 – 2(a) 所示，设地面上 M 物体受恒力 P 作用，如 M 发生了线位移 Δ，则乘积

$$W = P\Delta \cdot \cos\theta$$

称为力 P 在线位移上所做的功。其中 θ 是力的方向与位移之间的夹角。

设物体受力偶 $M = P \times d$ 作用，如果物体在力偶作用平面内，沿力偶转动方向转过角位移 φ，如图 4 – 2(b) 所示，则力偶做的功可以用构成力偶的两个力所做功的和来计算：

$$W = 2P \times \left(\frac{d}{2} \cdot \varphi\right) = P \cdot d \cdot \varphi = M \cdot \varphi$$

即常力偶所做的功等于力偶矩与角位移的乘积。

功是代数量，当力与位移的方向相同时，功为正值；当力与位移的方向相反时，功为负值；当力与位移相互垂直时，功为零。当位移不是做功的力引起时，功为虚功。

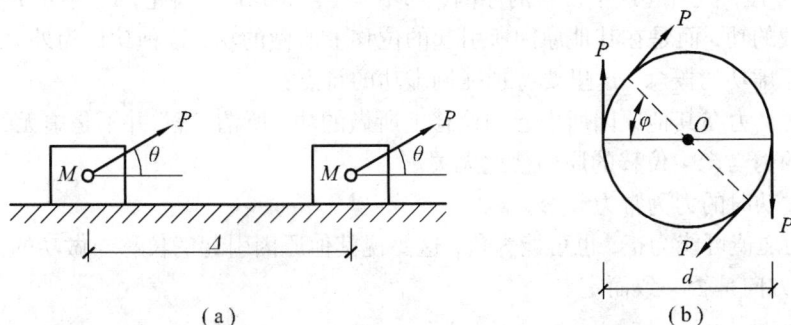

（a）　　　　　　　　　　　　（b）

图 4 – 2

做功的力可以是一个集中力，也可以是一个力偶，有时也可能是一个力系。我们将力或力偶做功用一个统一的公式表示：

$$W = P \cdot \Delta$$

为求结构上任一点沿任意方向的位移，在一般情况下，须应用虚功和虚功原理。下面介绍虚功与虚功原理。

4.2.1 外力虚功

如图4－3所示的简支梁，在第一组静力荷载 P_k（P_k 由零逐渐增大至 P_k）作用下，处于平衡位置时，梁的变形如图(a)中的一条虚线所示。P_k 作用点沿 P_k 方向的位移为 Δ_{kk}。这里的 Δ_{kk} 采用两个脚标：第一个脚标"k"表示发生位移的位置和方向，即此位移是 P_k 作用点沿 P_k 方向的位移；而第二个脚标"k"表示引起位移的原因，即此位移是由于 P_k 的作用而引起的。这时，荷载 P_k 在 Δ_{kk} 上做外力实功。

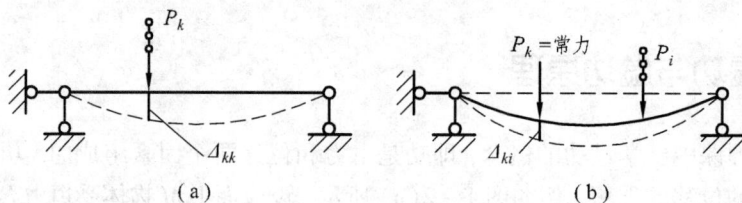

图 4－3

简支梁在 P_k 作用下，达到平衡状态后，设又有第二组静力荷载 P_i（P_i 由零逐渐增大至 P_i）加入，达到新的平衡后，梁发生的变形如图(b)中的下面一条虚线所示。

值得提出的是，在施加 P_i 的过程中，P_k 是作用在梁上已达到最终值的常力。P_k 作用点沿 P_k 方向的位移为 Δ_{ki}。这里的 Δ_{ki} 采用两个脚标：第一个脚标"k"表示发生位移的位置和方向，即此位移是 P_k 作用点沿 P_k 方向的位移；而第二个脚标"i"表示引起位移的原因，即此位移是由于 P_i 的作用而引起的，故称之为位移 Δ_{ki}，这时 P_k 在位移 Δ_{ki} 上所做的功为：

$$T_{ki} = P_k \Delta_{ki}$$

显然，这个功与物理上说的实功不同，因为 Δ_{ki} 虽然是 P_k 跟随 P_i 一起在自身作用点处沿 P_k 方向上的位移，但引起这个位移的原因，却不是 P_k 而是 P_i。因此，T_{ki} 不是 P_k 在本身引起的位移上所做的功，而是在其他原因所引起的位移上所做的功，这种功称为外力虚功。

为了加深虚功的概念，这里要特别强调虚功的特点：

（1）虚功是力在其他原因所引起的位移上所做的功。所谓"虚"并不是虚无的意思，虚功是强调做功的力与产生位移的原因彼此无关。

（2）做虚功时的力为常力。

（3）虚功之值可能为正，也可能为负，这要视其他原因引起的位移与做功的力（一般指常力），两者的方向是否一致而定。

4.2.2 内力虚功

同样，在第二组静力 P_i（包括 P_i 作用下引起的支座反力）的加载过程中，原有 P_k 作用引起的内力,也将在 P_i 作用下引起的相应变形上做功,这个变形功称为内力虚功,用 W_{ki} 表示。

4.2.3　虚功原理

如图 4 - 4(a) 所示 $ABCD$ 阶梯杆,AB、BC 段杆各长为 l,截面面积均为 A;在 Q 和 P 力作用下变形完成后的最后长度为 l_1 和 l_2,如图 4 - 4(b) 所示,此时的轴力图如图 4 - 4(c) 所示。然后在 D 端再施加力 F,使得 AB 段伸长 Δl_1,BC 段伸长 Δl_2,由工程力学知 F 力引起

$$\Delta l_1 = \frac{F \cdot l_1}{EA}$$

$$\Delta l_2 = \frac{F \cdot l_2}{EA}$$

此时图(b) 所示的外力所做虚功为

$$T_{ki} = -R \cdot 0 + Q \cdot \Delta l_1 + P \cdot (\Delta l_1 + \Delta l_2)$$
$$= \frac{Q \cdot F \cdot l_1}{EA} + P\left(\frac{F \cdot l_1}{EA} + \frac{F \cdot l_2}{EA}\right)$$
$$= \frac{Q \cdot F \cdot l_1}{EA} + \frac{P \cdot F \cdot l_1}{EA} + \frac{P \cdot F \cdot l_2}{EA}$$

此时图(b) 所示的内力所做虚功为

$$W_{ki} = \int_{l_1} N_1 \cdot \mathrm{d}\mu_1 + \int_{l_2} N_2 \cdot \mathrm{d}\mu_2$$
$$= \int_{l_1} (Q + P) \cdot \frac{F \cdot \mathrm{d}x}{EA} + \int_{l_2} P \cdot \frac{F \cdot \mathrm{d}x}{EA}$$
$$= \frac{Q \cdot F \cdot l_1}{EA} + \frac{P \cdot F \cdot l_1}{EA} + \frac{P \cdot F \cdot l_2}{EA}$$

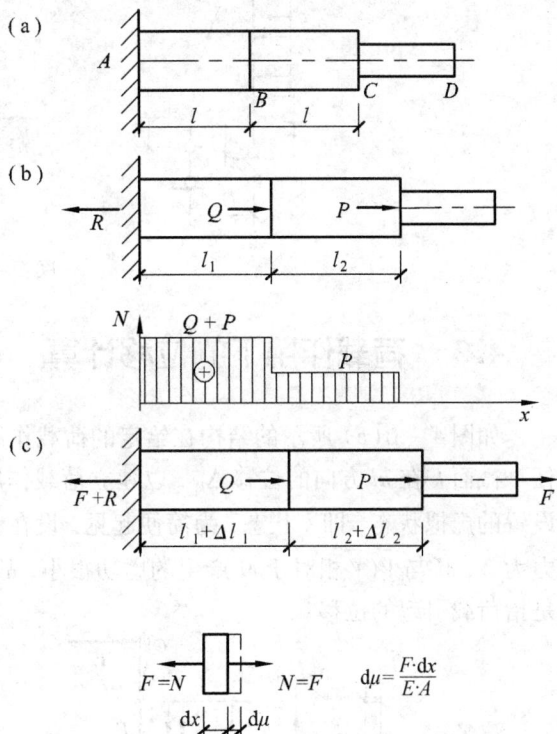

图 4 - 4

由上可知

$$W_{ki} = T_{ki} \tag{4-1}$$

即内力虚功等于外力虚功。对于结构上同时存在有弯矩、剪力和轴力的情况也成立,此即为虚功原理。

抓住力和位移无关这一特点,可将其分为两个状态即 k 状态和 i 状态进行分析计算。

【例4.1】　设图 4 - 5(a) 为实际状态,即位移状态;图(b) 为虚拟状态,即力状态。试求其外力虚功。

解:由虚功的计算公式得

$$T_{ki} = P_k \cdot \Delta_{ki} + R_1 \times 0 - R_2 \times C_2 + R_3 \times C_3$$
$$= P_{ki} \cdot \Delta_{ki} - R_2 \cdot C_2 + R_3 \cdot C_3$$

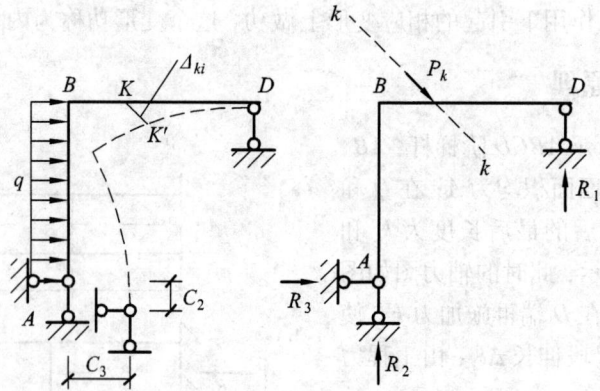

图 4 - 5

4.3 荷载作用下的位移计算

如图 4 - 6(a) 所示的结构在给定的荷载作用下发生了变形,如图中细虚线所示,现讨论任一截面 k 在 ki 方向的位移 Δ_{ki},以建立荷载作用下的位移计算公式。图 4 - 6(b) 是为求 Δ_{ki} 设置的虚拟状态,即 k 状态,为简便起见,设在 $P_K = \overline{P} = 1$ 作用下,相应微段 ds 两端截面内力为 $\overline{N}$、$\overline{M}$ 与 $\overline{V}$($\overline{V}$ 相对于 M 产生的虚功很小,故略去)。i 状态中对应的变形 $d\mu_P$ 和 $d\varphi_P$ 与 ν_P 是指荷载引起的位移。

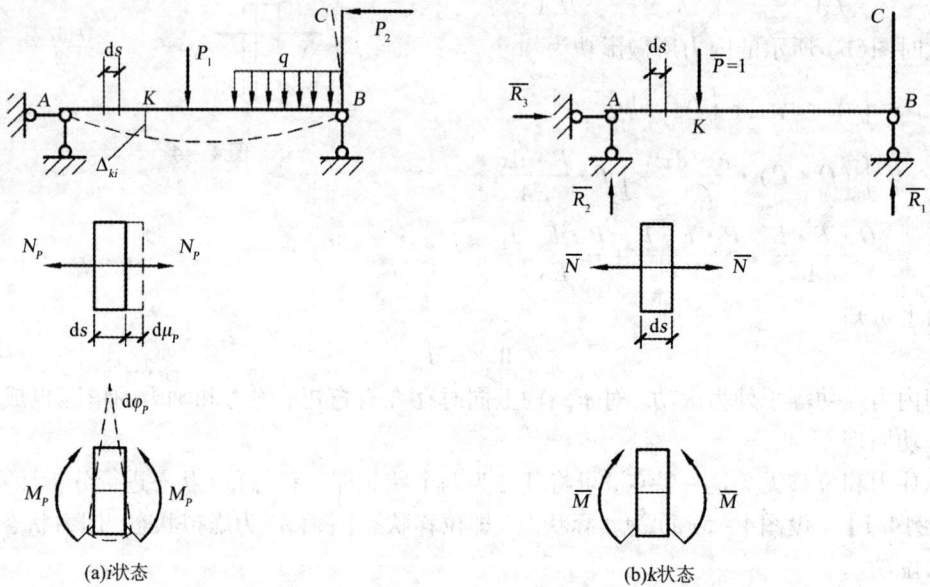

(a)i状态   (b)k状态

图 4 - 6

4.3.1 位移计算公式

将图 4 - 6 中 k 状态中力乘 i 状态对应位移,K 状态内力乘对应 i 状态变形得:

$$1 \times \Delta_{ki} + \overline{R}_1 \times 0 + \overline{R}_2 \times 0 + \overline{R}_3 \times 0 = \sum \int_l \overline{N} \cdot d\mu_P + \sum \int_l \overline{V} \cdot d\nu_P + \sum \int_l \overline{M} \cdot d\varphi_P$$

由于剪力引起的虚功相对于弯矩引起的虚功可忽略不计，故简化整理后得：

$$\Delta_{ki} = \sum \int_l \overline{N} \cdot d\mu_P + \sum \int_l \overline{M} \cdot d\varphi_P \qquad (4-2)$$

由工程力学中胡克定律 $\Delta l = \dfrac{N \cdot l}{EA}$ 得

$$d\mu_P = \frac{N_P \cdot ds}{EA} \qquad (a)$$

微段变曲变形如4-7从变形方面有

$$\overset{\frown}{CD} = \frac{h}{2} \times d\varphi \qquad (b)$$

从物理方面有

$$\overset{\frown}{CD} = \varepsilon_{max} \cdot dx = \frac{\sigma_{max}}{E} \cdot dx = \frac{M}{EI} \times \frac{h}{2} \cdot dx \qquad (c)$$

由式(b)和式(c)得

$$\frac{h}{2} \times d\varphi = \frac{M}{EI} \times \frac{h}{2} \cdot dx$$

得 $d\varphi = \dfrac{M \cdot dx}{EI}$

即 $d\varphi_P = \dfrac{M_P \cdot ds}{EI}$ \qquad (d)

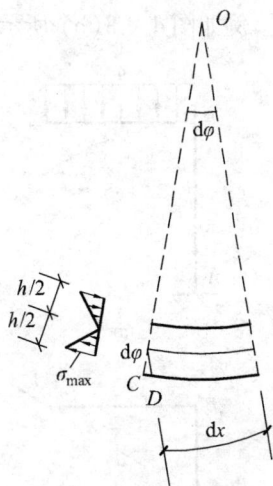

图4-7

将式(a)、(d)代入式(4-2)得

$$\Delta_{ki} = \sum \int_l \frac{\overline{N} \cdot N_P}{EA} ds + \sum \int_l \frac{\overline{M} \cdot M_P}{EI} ds \qquad (4-3)$$

（1）对于受弯结构刚架和梁，弯矩引起的变形远大于轴力引起的变形，忽略轴力的影响，得位移计算公式

$$\Delta_{ki} = \sum \int_l \frac{\overline{M} \cdot M_P}{EI} ds \qquad (4-4a)$$

（2）对于桁架结构，因只受有轴力，得位移计算公式：

$$\Delta_{ki} = \sum \int_l \frac{\overline{N} \cdot N_P}{EA} ds = \sum \frac{\overline{N} \cdot N_P \cdot l}{EA} \qquad (4-4b)$$

关于虚拟单位力的指向，可以沿所需求位移方向假定，如计算出的最后结果为正，则实际位移与虚拟的单位力的方向相同；如果为负，则方向相反。

（3）在拱中，当不考虑曲率影响时，其位移计算可近似地采用公式(4-4a)。但通常只考虑弯曲变形的一项影响已足够精确；仅在扁平拱中计算水平位移，或当拱轴与压力线比较接近时，才考虑轴向变形对位移的影响，此时计算公式为：

$$\Delta_{ki} = \sum \int_l \frac{\overline{M} \cdot M_P ds}{EI} + \sum \int_l \frac{\overline{N} \cdot N_P ds}{EA} \qquad (4-4c)$$

4.3.2 关于虚拟状态的设置问题

虚拟状态的设置要根据计算所求位移来选择。选择虚拟状态正确与否,关系到位移计算的正误。下面分几种情况加以说明:

(1) 当求图 4 - 8(a)D 截面沿某方向的绝对线位移时,应在该点沿所求位移方向加一单位力。例如图 4 - 8(b) 所示,即为求 D 截面的水平线位移的虚拟状态。

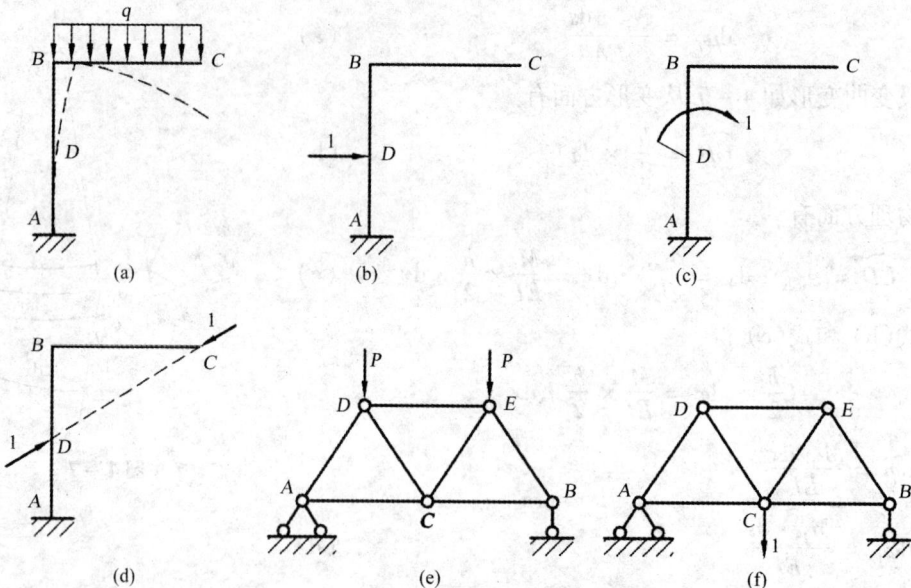

图 4 - 8

(2) 当求图 4 - 8(a)D 截面绝对角位移时,可在该截面处加一个单位力偶,如图4 - 8(c) 所示。

(3) 当求 D、C 两点沿其连线方向的相对线位移时,应在两点沿其连线上加一对指向相反的单位力。如图 4 - 8(d) 所示,就是求 D 和 C 两点的相对线位移的虚拟状态。

(4) 当求桁架图 4 - 8(e) 所示 C 截面竖向位移时,应在 C 处加一单位力,如图(f) 所示。

总之,虚拟状态所加的单位荷载,即是所求位移处相应的单位力(集中力或力偶矩),单位力的指向或转向可任意假定,用它可判断实际位移的方向和转向。

4.3.3 位移计算举例

【例4.2】试求图 4 - 9(a) 所示简支梁 B 端截面的转角 φ_B,设梁 EI = 常数。

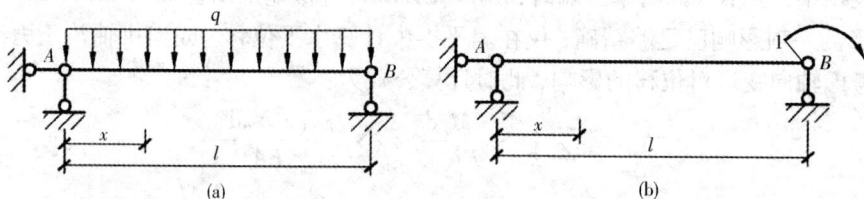

图 4 - 9

解：（1）设力状态。在结构 B 截面上加一单位力偶矩荷载作为虚拟状态，如图（b）所示，由图（a）可求得 A 支座反力 $Y_A = \frac{1}{2}ql\,(\uparrow)$，由图（b）可求得 A 支座反力 $Y_A = \frac{1}{l}(\downarrow)$。

（2）列弯矩方程。

$$\overline{M} = -\frac{x}{l}\,(0 \leqslant x \leqslant l)$$

$$M_P = \frac{q}{2}(lx - x^2)\,(0 \leqslant x \leqslant l)$$

（3）计算转角。

将方程代入式（4-4a）得：

$$\varphi_B = \int_0^l \frac{1}{EI}\left(-\frac{x}{l}\right) \cdot \frac{q}{2}(lx - x^2)\,\mathrm{d}x = -\frac{ql^3}{24EI}(\curvearrowleft)$$

计算结果为负，表明实际的角位移与所设虚拟荷载的方向相反，可在计算结果的后面用与原设单位力偶反方向表示。

【例4.3】 求图4-10（a）所示桁架在荷载作用下结点 C、D 两点的相对位移 Δ_{C-D}。各杆截面面积均为 $50\ \mathrm{cm}^2$，设杆件材料 $E = 21\,000\ \mathrm{kN/cm}^2$。

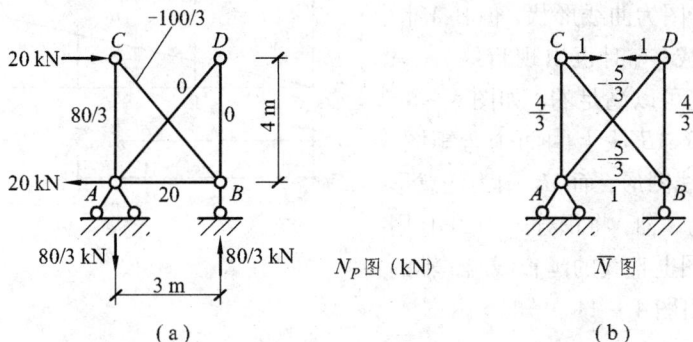

图 4-10

解：（1）为求 C、D 两点的相对线位移，在 C、D 两点加一对方向相反的单位力，并求出在单位力作用下的各杆轴力 $\overline{N}$，如图4-10（b）所示。

（2）求出实际状态下各杆的轴力 N_P 并标注在图4-10（a）上。

（3）可根据公式（4-4b）计算相对线位移 Δ_{C-D}。

因为该桁架是对称的，所以由式（4-4b）得

$$\Delta_{C-D} = \sum \frac{1}{EA}\overline{N} \cdot N_P \cdot l = \frac{1}{EA}\left[\left(\frac{4}{3}\right) \times \left(\frac{80}{3}\right) \times 4 + \left(-\frac{5}{3}\right) \times \left(-\frac{100}{3}\right) \times 5 + 1 \times 20 \times 3\right]$$

$$= \frac{1}{21000 \times 50}\left(\frac{1280}{9} + \frac{2500}{9} + 60\right) \quad \frac{\mathrm{kN \cdot m}}{(\mathrm{kN/cm}^2) \times \mathrm{cm}^2}$$

$$= 4.57 \times 10^{-4}\ \mathrm{m} = 0.46\ \mathrm{mm}(\rightarrow\leftarrow)$$

当计算较为复杂时，也可列表计算。

4.4 图乘法

从上节可知，计算梁和刚架在荷载作用下的位移时，通常可用公式(4－4a)，即 $\Delta_{ki} = \sum \int_l \dfrac{\overline{M} \cdot M_P}{EI}ds$。

4.4.1 图乘法的概念

如果结构杆件的某段符合以下三个条件，则可将上述的计算梁和刚架位移的积分式简化。这三个条件是：

（1）杆件某段的 $EI = $ 常数；

（2）杆轴为直线；

（3）在 $\overline{M}$ 图和 M_P 图中，至少有一个为直线形。

对于等截面直杆，（1）和（2）两个条件恒满足；但对于(3)这个条件，虽结构在分布荷载作用下 M_P 图为曲线形状，但其 $\overline{M}$ 图却由直线段所组成（有时也出现折线），只要分段考虑，总是可以满足的。如图4－11所示，等截面直杆 AB 段上的两个弯矩图，其中 $\overline{M}$ 图中为直线图形，而 M_P 图为任意形状。现设以杆轴为 x 轴，将积分式中的 ds 用 dx 来代替；以 $\overline{M}$ 图上直线的延长线与 x 轴的交点 O 为原点，由图4－11可知

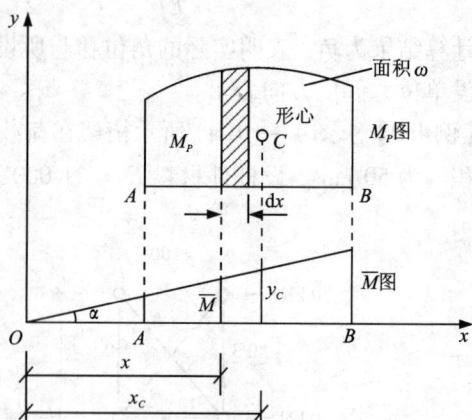

图4－11

$$\overline{M} = x\tan\alpha$$

$$\int_A^B \frac{\overline{M}M_P ds}{EI} = \frac{1}{EI}\int_A^B x \cdot \tan\alpha \cdot M_P dx = \frac{\tan\alpha}{EI}\int_A^B x \cdot d\omega \tag{1}$$

式中 $d\omega = M_P dx$，为 M_P 图中阴影部分的微面积，而 $x \cdot d\omega$ 就是这个微面积对 y 轴的静面矩，总的静面矩可写成

$$\int_A^B x d\omega = \omega \cdot x_C \tag{2}$$

式(2)中的 x_C，是 M_P 图面积的形心到 y 轴的距离。将式(2)代入式(1)则有：

$$\int_A^B \frac{\overline{M}M_P ds}{EI} = \frac{1}{EI} \times \omega \cdot x_C \cdot \tan\alpha \tag{3}$$

但因 $x_C\tan\alpha = y_C$，而 y_C 为 M_P 图的形心 C 处所对应的 $\overline{M}$ 图的纵标，故可将式(3)写成：

$$\int_A^B \frac{\overline{M}M_P ds}{EI} = \frac{1}{EI} \times \omega \cdot y_C$$

上式表明，当上述的3个条件能满足时，积分式 $\int_A^B \dfrac{\overline{M}M_P ds}{EI}$ 的值，就等于任意的 M_P 图的面

积 ω 乘其形心所对应直线的 $\overline{M}$ 图上的纵标 y_C，再除以 EI。这就是所谓的图乘法。

如果结构上各杆段均可图乘，则位移计算公式(4 - 4a) 可写成：

$$\Delta_{ki} = \int_l \frac{\overline{M}M_P}{EI}\mathrm{d}s = \sum \frac{\omega \cdot y_C}{EI} \tag{4 - 5}$$

应用图乘法求结构位移时应注意的问题：

（1）结构要符合前述的 3 个条件。

（2）纵标 y_C 应从直线形弯矩图形上取得，并且 y_C 应该与另一弯矩图的形心位置对应。

（3）面积 ω 与纵标 y_C 若在杆件轴线的同一侧，则图乘之积取正；在异侧则图乘之积取负。

4.4.2　图乘法的基本技巧

1. 标准图形的面积和形心

在应用图乘法时，要计算弯矩图形的面积和确定其形心位置，即确定 ω 和 y_C。对于常见的简单图形，已由积分法求得，只需熟记，如图 4 - 12 所示。图中的"顶点"是指该点的切线平行于基线的点，即顶点处截面的剪力等于零。

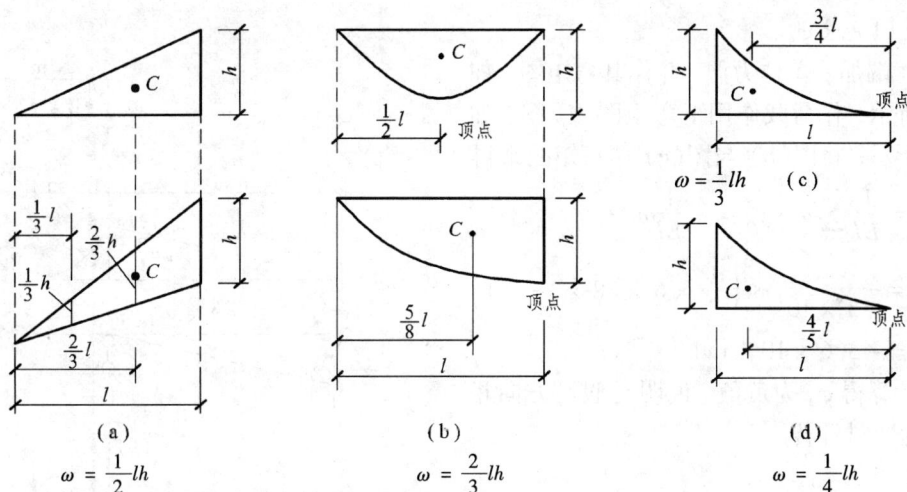

图 4 - 12

（a）三角形；（b）二次抛物线；（c）二次抛物线；（d）三次抛物线

2. 分段图乘

在结构某一根杆件上的 M 图为折线形时（图 4 - 13），可将 M 图分成几个直线段部分，然后将各部分分别按图乘法计算，最后叠加。

$$\Delta_{ki} = \frac{1}{EI}(\omega_1 \cdot y_1 + \omega_2 \cdot y_2 + \omega_3 \cdot y_3)$$

【例4.4】试用图乘法求图示梁跨中 C 截面的竖向位移。已知 $EI = $ 常数。

解：（1）在 C 截面加一竖向单位向下集中力，如图 4 - 14(c) 所示。

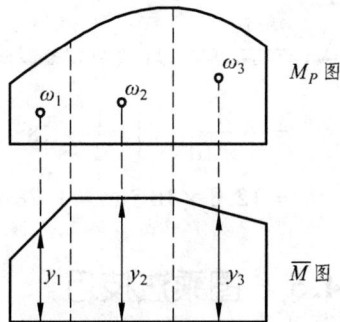

图 4 - 13

（2）分别作 M_P 图和 $\overline{M}$ 图，如图 4 – 14(b)、(c)所示。

（3）计算 Δ_{CV}。

将 M_P、$\overline{M}$ 图乘，$\overline{M}$ 包括两段直线，所以，整个梁应分为 AC、CB 两段应用图乘法。

$$\omega = \frac{1}{EI}\sum \omega \cdot y_{ci} = \frac{1}{EI}(\omega \cdot y_1 + \omega_2 \cdot y_2)$$

$$= \frac{2}{EI}\omega_1 y_1$$

$$= \frac{2}{EI}\Big[\frac{2}{3}\Big(\frac{1}{2}l \times \frac{q}{8}l^2\Big) \times \Big(\frac{5}{8} \times \frac{l}{4}\Big)\Big]$$

$$= \frac{5ql^4}{384EI}(\downarrow)$$

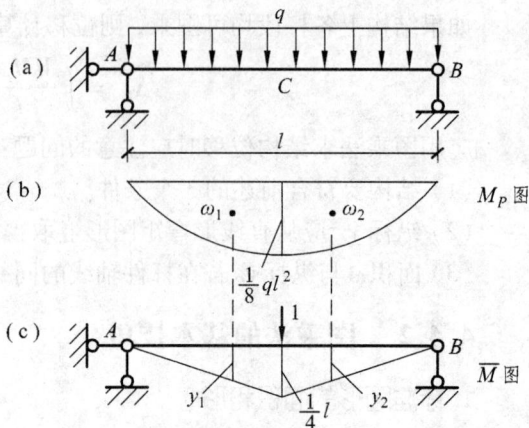

图 4 – 14

【例 4.5】 试用图乘法求图 4 – 15 所示外伸梁 A 端的转角 φ_A 及 C 端的竖向位移 Δ_{CV}。$EI = 5 \times 10^4$ kN·m²。

解：（1）求 φ_A。

在 A 端加一单位力偶，并作其弯矩图，如图(c)所示；作荷载作用下弯矩图 M_P 图，如图(b)所示；将图(b)与图(c)两弯矩图乘得

$$\varphi_A = \frac{1}{EI}\sum \omega \cdot y_{ci} = -\frac{1}{EI}\omega_1 \cdot y_1$$

$$= -\frac{1}{5 \times 10^4} \times \Big(\frac{1}{2} \times 6 \times 18 \times \frac{1}{3} \times 1\Big)$$

$$= -3.6 \times 10^{-4} \text{ rad}(\curvearrowleft)$$

由计算得 φ_A 为负值，说明与假设方向相反，即为逆时针转。

（2）求 Δ_{CV}。

在 C 端加一竖向单位集中力，并作其弯矩图，见图(d)，将图(b)与图(d)两弯矩图图乘得：

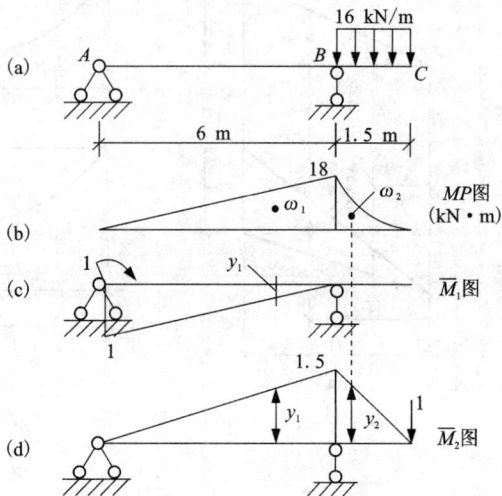

图 4 – 15

$$\Delta_{CV} = \frac{1}{EI}(\omega_1 \cdot y_1 + \omega_2 \cdot y_2)$$

$$= \frac{1}{5 \times 10^4} \times \Big[\Big(\frac{1}{2} \times 18 \times 6\Big) \times \Big(\frac{2}{3} \times 1.5\Big) + \Big(\frac{1}{3} \times 1.5 \times 18\Big) \times \Big(\frac{3}{4} \times 1.5\Big)\Big]$$

$$= 12.8 \times 10^{-4}\text{m} = 1.28\text{mm}(\downarrow)$$

4.5 图乘法技巧

图乘法的关键是计算弯矩图形的面积和确定图形的形心，对于前面提到的简单或标准的

弯矩图形，我们可以查前面所述得到，但在图形比较复杂的情况下，最好应用叠加法使图乘简化。现就几种常见的情况分述如下。

4.5.1　几种常见情况

1. 正叠加弯矩图面积图乘

若 M_P 图是梯形、$\overline{M}$ 图正负部分都有（图 4 - 16），则可将 M_P 图看成两个三角形叠加，$\overline{M}$ 图看成是两个三角形相减而成。

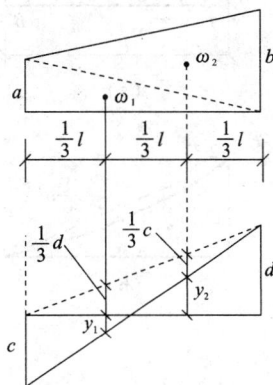

$$\int_l M_P \overline{M} \mathrm{d}x = \omega_1 y_1 + \omega_2 y_2$$

式中 $\omega_1 = \dfrac{1}{2}al$，$\omega_2 = \dfrac{1}{2}bl$

$y_1 = \dfrac{1}{3}d - \dfrac{2}{3}c$，$y_2 = \dfrac{2}{3}d - \dfrac{1}{3}c$

图 4 - 16

y 中各项以 ω 为标准，与 ω 同则为正，异则为负。

2. 非标准抛物线面积

若 M_P 为非标准抛物线图形时，可将 AB 段的弯矩图分为一个梯形和一个标准抛物线进行叠加（图 4 - 17），这段直杆的弯矩图与相应简支梁在两端弯矩 M_A、M_B（图示情况为正值）和均布荷载 q 作用下的弯矩图是相同的。从图可看出，以 M_A、M_B 为连线切下的抛物线虽在形状上不同于水平基线的抛物线，但两者对应的弯矩纵标 y 处处相等且垂直于杆轴，故对应的每一微分面积 $y\mathrm{d}x$ 仍相等。因此两个抛物线图形的面积大小和形心位置是相等的，即 $\omega = \dfrac{2}{3} \times a \times \dfrac{1}{8}ql^2$。

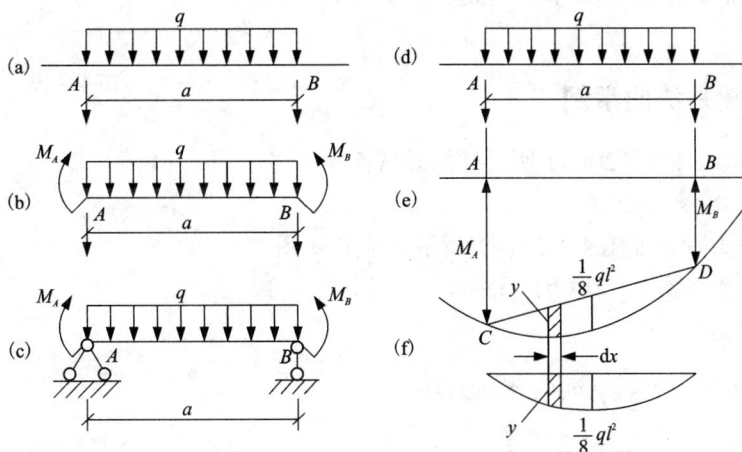

图 4 - 17

如图 4 - 18(b) 所示图形为非标准抛物线图，可分别按两种形式分解成标准图形的叠加：一种是将图(b) 看成图(c) + 图(d)，一种是将图(a) 看成图(e) - 图(f)。

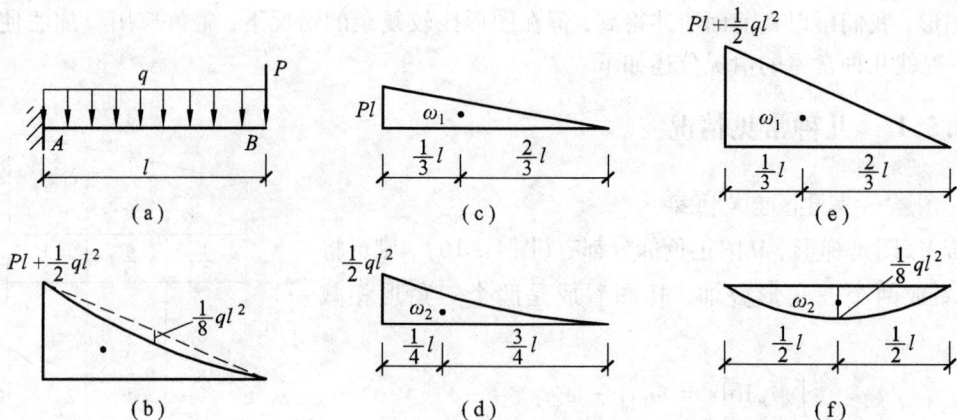

图 4 – 18

3. 负叠加弯矩图面积相乘

若 M_P 图正负部分都有、$\overline{M}$ 图是梯形（图 4 – 19），则可将 M_P 图看成两个图形相减，$\overline{M}$ 图看成是两个三角形相加而成。

$$\int_l M_P \overline{M}\mathrm{d}x = \omega_1 y_1 + \omega_2 y_2$$

式中 $\omega_1 = \dfrac{1}{2}al$，$\omega_2 = \dfrac{2}{3}l \times (\dfrac{1}{8}ql^2)$

$$y_1 = \frac{2}{3}b + \frac{1}{3}c,\ y_2 = -\frac{1}{2}b - \frac{1}{2}c$$

式中 y 均以 ω 为标准，与 ω 同则为正，异则为负。

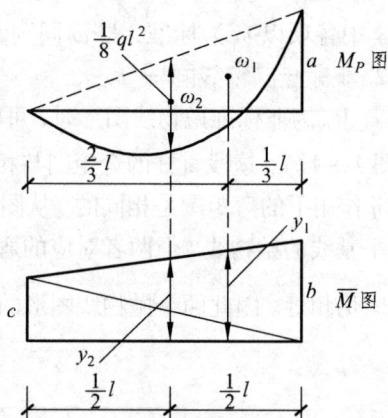

图 4 – 19

4.5.2 图乘法的举例

【例 4.6】试求图 4 – 20(a) 所示柱的 C 截面水平线位移。$EI =$ 常数。

解：（1）设力状态如图 4 – 20(c) 所示，并作 $\overline{M}$ 图。

（2）作 M_P 图如图 4 – 20(b) 所示。

（3）计算 Δ_{BH}。

$$\Delta_{BH} = \frac{1}{EI}(\omega_1 y_1) + \frac{1}{2EI}(\omega_2 y_2 + \omega_3 y_3)$$

$$= \frac{1}{EI}(\frac{1}{2} \times 3 \times 30 \times \frac{2}{3} \times 3) + \frac{1}{2EI}\Big[\frac{1}{2} \times 9 \times 3 \times (\frac{2}{3} \times 30 - \frac{1}{3} \times 60) + \frac{1}{2} \times 9 \times 12$$

$$\times (\frac{1}{3} \times 30 - \frac{2}{3} \times 60)\Big]$$

$$= \frac{90}{EI} + 0 - \frac{1\,620}{2EI} = -\frac{720}{EI}(\rightarrow)$$

式中负号说明实际位移方向与所设相反。

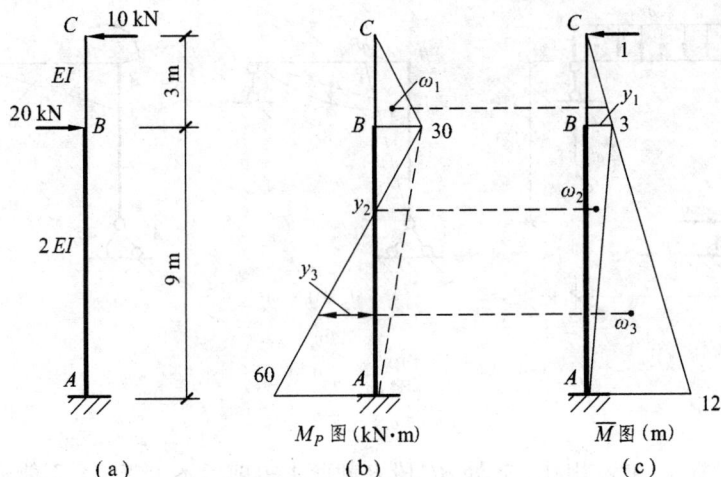

图 4 – 20

【例 4.7】 试求图 4 – 21(a) 所示刚架的 C 截面竖向线位移。EI = 常数。

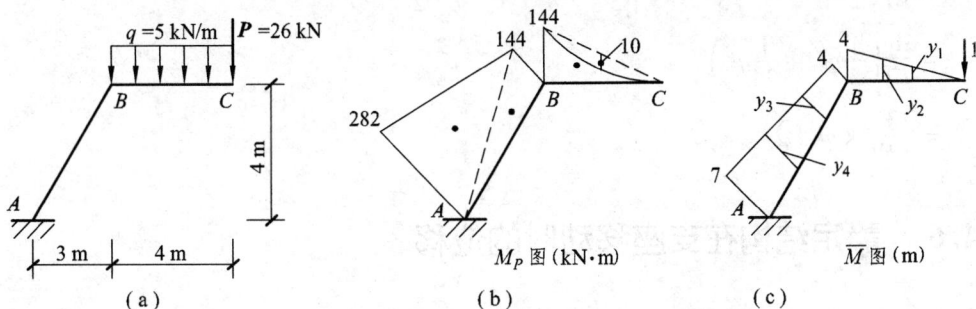

图 4 – 21

解: (1) 设力状态如图 4 – 21(c) 所示,并作 $\overline{M}$ 图。

(2) 作 M_P 图,如图 4 – 21(b) 所示。

(3) 计算 Δ_{CV}。

$$\Delta_{CV} = \frac{1}{EI}(\omega_1 y_1 + \omega_2 y_2 + \omega_3 y_3 + \omega_4 y_4)$$

$$= \frac{1}{EI}\left[-\frac{2}{3} \times 10 \times 4 \times \frac{1}{2} \times 4 + \frac{1}{2} \times 144 \times 4 \times \frac{2}{3} \times 4 + \frac{1}{2} \times 144 \times 5 \times\right.$$

$$\left.\left(\frac{2}{3} \times 4 + \frac{1}{3} \times 7\right) + \frac{1}{2} \times 282 \times 5 \times \left(\frac{1}{3} \times 4 + \frac{2}{3} \times 7\right)\right]$$

$$= \frac{1}{EI}\left(-\frac{160}{3} + 768 + 1\ 800 + 4\ 230\right) = \frac{6734.7}{EI}(\downarrow)$$

【例 4.8】 试用图乘法求如图 4 – 22(a) 所示简支刚架 B 截面的角位移 φ_B,已知 EI 为常数。

解: 先作出 M_p 和 $\overline{M}$ 图,如图 4 – 22(b) 和(c) 所示。用图乘法求 φ_B 时,可将 M_p 图分为 AB 和 BC 两段。BC 段由面积为 ω_1 的三角形和面积为 ω_2 的二次标准抛物线形组成,它们分别

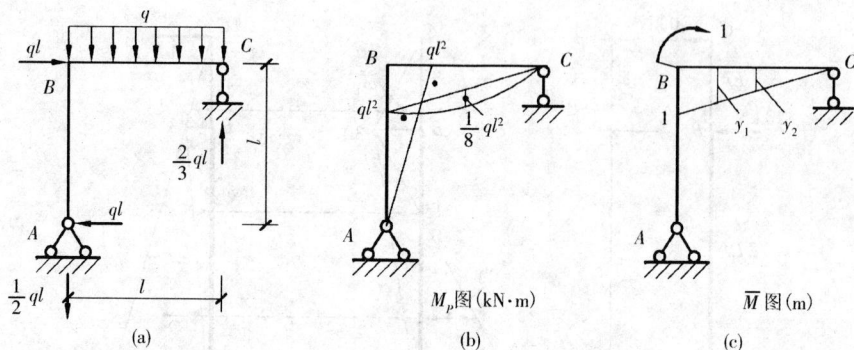

图 4 – 22

与 $\overline{M}$ 图对应的纵标 y_1 和 y_2 相乘，此处 BC 段 B 截面求得剪力不等于零，不能将此段弯矩图面积作为一整体算为标准抛物线计算。

$$\varphi_B = \frac{1}{EI}(\omega_1 \times y_1 + \omega_2 \times y_2 + \omega_3 \times 0)$$

$$= \frac{1}{EI}\left(\frac{1}{2}ql^2 \times l \times \frac{2}{3} \times 1 + \frac{2}{3} \times \frac{1}{8}ql^2 \times l \times \frac{1}{2} \times 1\right)$$

$$= \frac{1}{EI}\left(\frac{1}{3}ql^3 + \frac{1}{24}ql^3\right)$$

$$= \frac{3}{8EI} \times ql^3 (\curvearrowright)$$

4.6　静定结构在支座移动时的位移

如当基础沉陷时，静定结构的支座将产生移动，因而引起结构的位移。由于支座移动并不引起结构的内力，因而杆件也不会发生变形，故结构的位移纯属刚体位移，即内力虚功等于零。因此，可由虚功原理知，内力虚功等于外力虚功，计算为：

$$1 \times \Delta_{ki} + \overline{R}_1 \times C_1 + \overline{R}_2 \times C_2 + \overline{R}_3 \times C_3 + \cdots = 0$$

$$\Delta_{ki} = -\sum \overline{R}_i \times C_i \qquad\qquad (4-6)$$

此位移也可通过几何关系求得。

如图 4 – 23(a) 所示的结构，设支座有水平移动 $C_1 = 2$ cm、竖向沉落 $C_2 = 4$ cm 和转角 $C_3 = 0.06$，$l = 3$ m，$h = 4$ m，求由此引起的 k 点的竖向位移 Δ_{kV}。

图 4 – 23(a) 由于支座的移动，为实际状态。现设虚拟状态如图 4 – 23(b) 所示，经计算有 $\overline{R}_1 = 0$，$\overline{R}_2 = 1$ 和 $\overline{R}_3 = l$ 称虚支座反力。故利用式 $\Delta_{ki} = -\sum \overline{R}_i \times C_i$，可求得 k 点的竖向位移：

$$\Delta_{kV} = -\sum (\overline{R}_i \times C_i) = -(\overline{R}_1 \times C_1 + \overline{R}_2 \times C_2 + \overline{R}_3 \times C_3)$$

$$= -(0 \times 2 - 1 \times 4 - 300 \times 0.06)$$

$$= 22 \text{ cm}(\downarrow)$$

应用式(4 – 6)时，应注意其中反力 $\overline{R}_i$ 的正负符号，在与 C 方向一致时取正，不一致时取负。

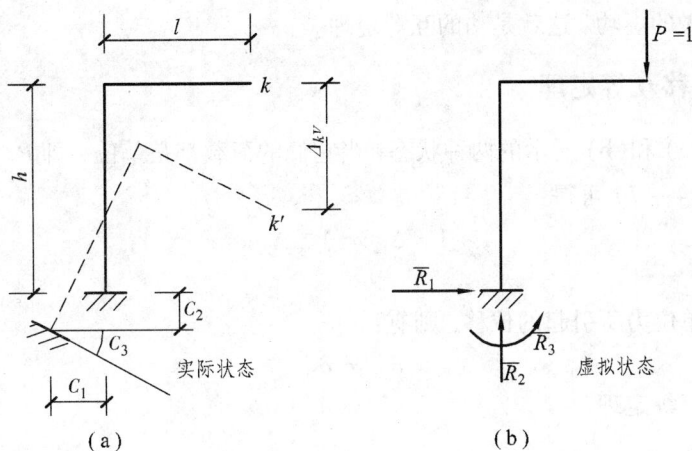

图 4 – 23

4.7　互等定理

4.7.1　功的互等定理

设有两组外力 P_1 和 P_2 分别作用于同一线弹性结构上，如图 4 – 24（a）和（b）所示。设图（a）为第一状态，内力为 M_1、V_1、N_1。图（b）称为第二状态，内力为 M_2、V_2、N_2。则第一状态的外力在第二状态相应的位移和变形上所做的虚功为：

$$W_{12} = P_1 \cdot \Delta_{12} = \sum \int \frac{M_1 M_2 \mathrm{d}s}{EI} + \sum \int \frac{N_1 N_2 \mathrm{d}s}{EA} + \sum \int k \frac{V_1 V_2 \mathrm{d}s}{GA} \qquad \text{（a）}$$

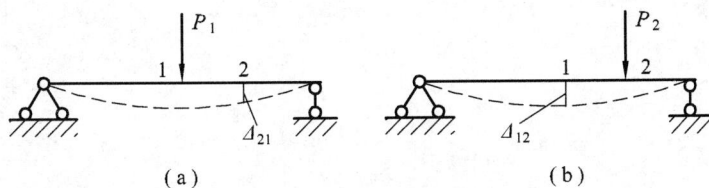

图 4 – 24

这里，位移 Δ_{12} 的两个下标的含义与前相同：第一个下标"1"表示位移的地点和方向，即位移是 P_1 方向上的位移；第二个下标"2"表示产生位移的原因，即该位移是由于 P_2 所引起的。第二状态的外力和内力在第一状态相应的位移和变形上所做的虚功为：

$$W_{21} = P_2 \cdot \Delta_{21} = \sum \int \frac{M_2 M_1 \mathrm{d}s}{EI} + \sum \int \frac{N_2 N_1 \mathrm{d}s}{EA} + \sum \int k \frac{V_2 V_1 \mathrm{d}s}{GA} \qquad \text{（b）}$$

式（a）和（b）的右侧是相等的，因此左边也相等，故有：

$$P_1 \cdot \Delta_{12} = P_2 \cdot \Delta_{21} \qquad (4 – 7)$$

这表明：第一状态的外力在第二状态的位移上所做的虚功，等于第二状态的外力在第一状态的位移上所做的虚功。这就是功的互等定理。

4.7.2 位移互等定理

如图 4 – 24(a) 和(b) 所示的两种状态，当它们的荷载都是单位力即 $P_1 = P_2 = 1$ 时，由功的互等定理式(4 – 7) 可得：

$$1 \cdot \Delta_{12} = 1 \cdot \Delta_{21}$$

故 $\Delta_{12} = \Delta_{21}$

如用 δ 表示单位力所引起的位移，则有：

$$\delta_{12} = \delta_{21} \qquad\qquad (4 – 8)$$

这就是位移互等定理。

第5章 力 法

5.1 力法原理

5.1.1 超静定结构概述

在前几章中,讨论了静定结构的计算。由于静定结构的几何组成是几何不变体系,且无多余联系,它的支座反力和内力,用静力平衡条件即可全部确定。但在实际工程中,还存在着另一类结构,即超静定结构。超静定结构是与静定结构比较而存在的,它的几何组成也是几何不变的,但有多余联系,其支座反力和内力只凭静力平衡条件无法确定,或者是不能全部确定。例如图 5−1(a) 所示的连续梁,只凭静力平衡方程无法确定其竖向支座反力,因此也就不能进一步求出其内力;又如图 5−1(c) 所示的加劲梁,虽然它的支座反力可由静力平衡条件求得,但却不能求出杆件的内力;所以这两个结构都是超静定结构。

分析以上两个结构的几何组成,其特征是都有多余联系。这种多余联系,也称赘余联系,这种联系仅从体系几何不变的意义上讲,不是必要的。将多余联系处产生的力称为**多余未知力**,常用 X 表示。如图 5−1(a) 所示的连续梁中,可认为 B 支座链杆是多余联系,其多余未知力为 X_1,如图(b) 所示。又如图 5−1(c) 所示加劲梁,可以认为其中的 BD 杆是多余联系,其多余未知力为该杆的轴力 X_1,如图(d) 所示。超静定结构在去掉多余联系后,就变成静定结构。

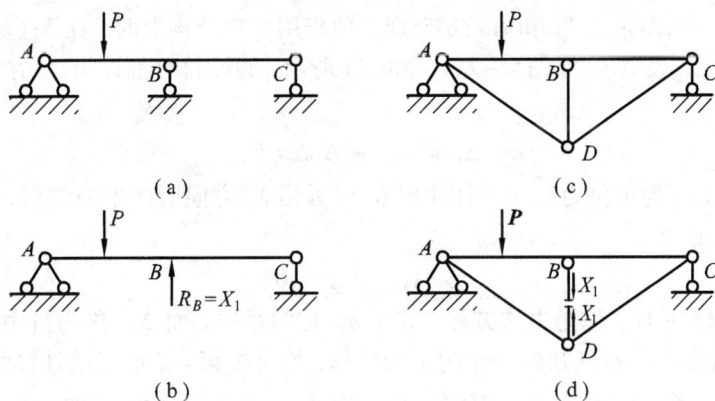

图 5−1

常见的**超静定结构**类型有超静定梁、超静定刚架、超静定桁架、超静定拱、超静定组合**结构和铰接排架**等。超静定结构最基本的计算方法有两种,即力法和位移法。此外还有派生出来的各种计算方法,如力矩分配法。这两种计算方法的主要区别是所取的基本未知量不同。**力法**是以多余未知力作为基本未知量；**位移法**是以结点转角和线位移作为基本未知量。本章只讲述力法原理和计算方法。

5.1.2　力法的基本概念

如图 5 – 1(a) 所示的结构，是具有一个多余联系的超静定结构，此后将超静定结构并包括荷载在内称为**原结构**。如果以 B 链杆支座作为多余联系，将该联系去掉，并用多余未知力 X_1 来代替它的作用，得到如图(b) 所示的静定结构，它同时承受荷载和多余未知力 X_1 的作用。将该静定结构包括荷载和多余未知力，称为原结构的**相应结构**，将相应结构中的静定结构本身称为**本结构**。**相应结构**的受力变形等同于原结构的受力变形，故作用在**相应结构**内的本结构上的荷载是已知的，而多余未知力 X_1 则是所要求的基本未知量。如果能设法将多余未知力 X_1 求得，则原结构其余的计算，即可在熟悉的静定相应结构上进行，由此可见，关键在于如何求得 X_1 这个多余未知力。

5.1.3　力法原理

如何求 X_1 这个多余未知力(此后将多余未知力简称多余力)，单从平衡条件来考虑，则 X_1 可取任何数值(结构不破坏为准则)，此时的相应结构都可维持平衡，但相应的反力、内力、变形和位移，就会有不同的数值解答。因而多余力 X_1 处(如 B 点) 就可能发生大小和方向各不相同的竖向位移，这样相应结构就不可能等同于原结构。为了使 X_1 有唯一确定的值，就必须考虑多余力 X_1 处(B 点) 的位移条件。如图 5 – 2(a) 和(b) 所示，设相应结构在多余力 X_1(B 点) 沿 X_1 方向的位移为 Δ_1，设原结构在 X_1 处沿 X_1 方向的位移为 Δ_1'。由于两个结构的受力、变形和位移等同，故在多余力 X_1 处(B 点) 的位移条件为

$$\Delta_1 = \Delta_1' \qquad\qquad (5 – 1a)$$

通常，原结构在多余力 X_1 方向的位移为零，则相应结构位移条件可以简化为

$$\Delta_1 = 0 \qquad\qquad (5 – 1b)$$

图 5 – 2(a)，当多余力 X_1 和荷载 q 分别单独作用在本结构上时，在 X_1(B 点) 处沿 X_1 方向的位移分别为 Δ_{11} 及 Δ_{1p}，如图 5 – 2(c) 和(d) 所示，假设符号都以沿 X_1 方向为正。根据叠加原理应有

$$\overline{\Delta_1 = \Delta_{11} + \Delta_{1P} = 0}$$

如以 δ_{11} 表示 X_1 为单位力 $\overline{X_1} = 1$ 作用时在 X_1 处沿 X_1 方向所产生的位移，则 $\Delta_{11} = \delta_{11}X_1$，于是可将上式写成

$$\delta_{11}X_1 + \Delta_{1P} = 0 \qquad\qquad (5 – 1c)$$

位移条件式(5 – 1c) 称为**力法方程**。式中 δ_{11} 称为系数，而 Δ_{1P} 称为自由项。由于 δ_{11} 和 Δ_{1P} 都是静定的本结构，在已知外力作用下的位移，均可按第4章所述的计算结构位移的方法求得。于是多余力 X_1 就可由力法方程(5 – 1c) 确定。在用图乘法求 δ_{11} 时，需先绘出 $\overline{X_1} = 1$ 作为荷载作用下的弯矩图 M_P，以及虚拟的单位力状态下的 $\overline{M_1}$ 图，如图5 – 2(e) 和(f) 所示。求 Δ_{1P} 时，需先绘出荷载 q 作用下的弯矩图 M_P，以及虚拟的单位力状态下的 $\overline{M_1}$ 图，如图5 – 2(g) 和(h) 所示。然后求得 Δ_{1P}。

$$\delta_{11} = \frac{1}{EI} \times \frac{l^2}{2} \times \frac{2}{3}l = \frac{l^3}{3EI}$$

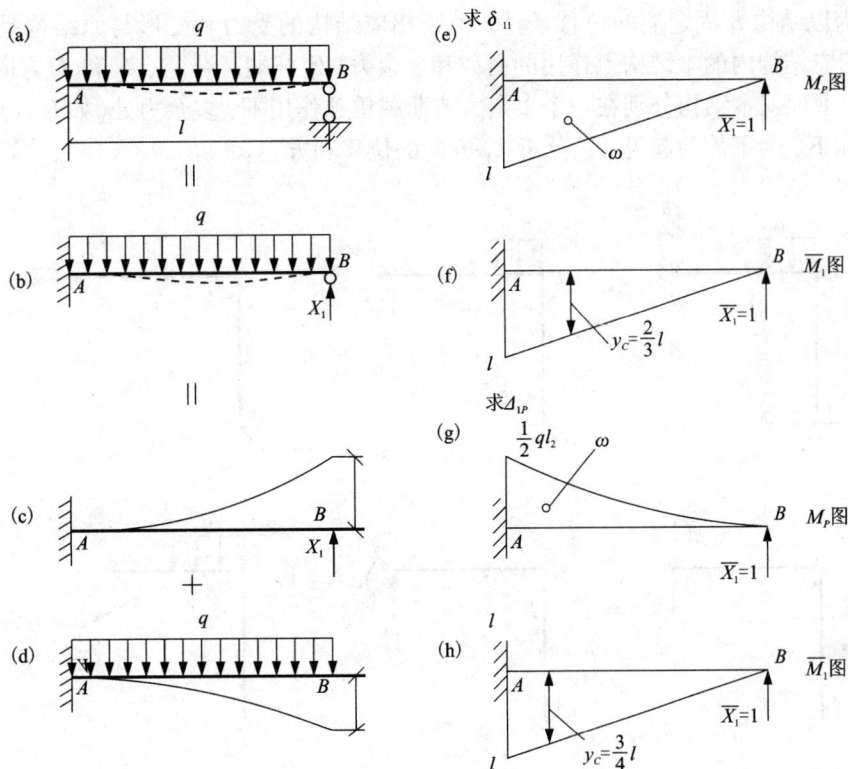

图 5 - 2

$$\Delta_{1P} = -\frac{1}{EI}\left(\frac{1}{3} \times l \times \frac{ql^2}{2}\right) \times \frac{3l}{4} = -\frac{ql^4}{8EI}$$

将以上所得数值代入力法方程式(5 - 1c)，便得

$$X_1 = -\frac{\Delta_{1P}}{\delta_{11}} = \frac{ql^4}{8EI} \times \frac{3EI}{l^3} = \frac{3}{8}ql$$

X_1 的值为止，表明 B 支座的反力与图 5 - 2(b)中所设的方向相同。多余力 X_1 求得之后，就可利用平衡条件在相应结构中求得支座反力和内力，绘制出内力图。绘制原结构的弯矩图，还可利用已有的 M_1、M_P 图，将图形相叠加而得。

5.2　力法方程

现已了解了单个多余未知力的求法，下面介绍多个未知力作用下结构的计算方程。

用力法计算超静定结构，是以多余力作为基本未知量，并以相应的位移条件建立力法方程，解出基本未知量。现就一般情况下，通过解一个三次超静定刚架如图 5 - 3(a)所示，来说明如何根据位移条件建立力法方程。

设将图 5 - 3(a)所示原结构中固定端支座 B 去掉，并以相应的多余力 X_1、X_2 和 X_3 来代替去掉联系的作用，得到如图(b)所示的相应结构。由于原结构 B 处为固定端支座，故支座 B 处的水平线位移 Δ_1、竖向线位移 Δ_2 和角位移 Δ_3 都应等于零。有：

$$\Delta_1 = 0, \ \Delta_2 = 0, \ \Delta_3 = 0$$

上式为原结构 B 固定端的位移条件。由于相应结构的受力和变形与原结构是完全一致的，故在相应结构内的本结构上作用的荷载和多余力，使杆端 B 沿 X_1、X_2 和 X_3 方向的位移也应等于零。下面就本结构分别在一个多余力或荷载单独作用下，多余力处（如 B 点）的位移的情况分析如下，为了简便起见，只分析 X_1 方向的位移和方程。

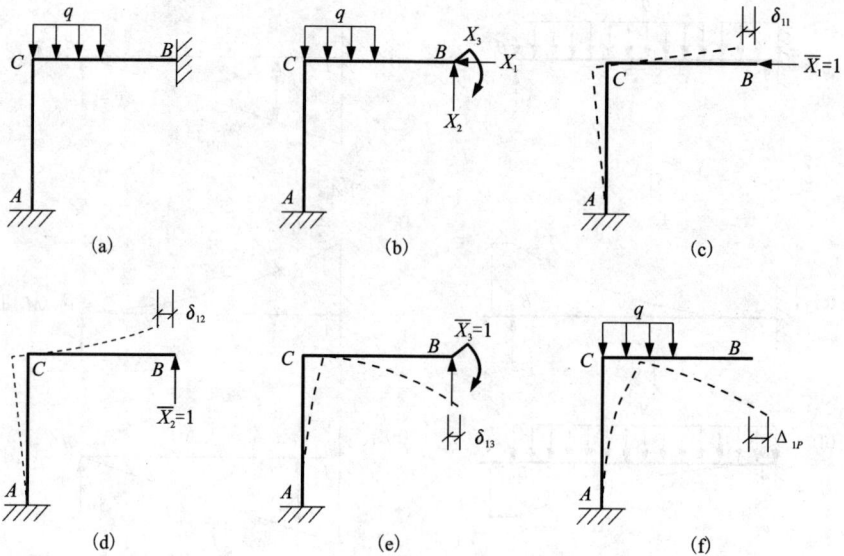

图 5 - 3

（1）若以 δ_{11} 表示当只有 $\overline{X}_1 = 1$ 单独作用于本结构上时，在多余力 X_1 处（如 B 点），如图 5 - 3(c) 所示，则多余力 X_1 单独作用时，B 点沿 X_1 多余力方向的位移为 $\delta_{11}X_1$。

（2）若以 δ_{12} 表示当 $\overline{X}_2 = 1$ 单独作用在本结构上时，B 点沿 X_1 方向的位移如图 5 - 3(d) 所示，则多余力 X_2 单独作用时，B 点沿 X_1 多余力方向的位移为 $\delta_{12}X_2$。

（3）若以 δ_{13} 表示当 $\overline{X}_3 = 1$ 单独作用在本结构上时，B 点沿 X_1 方向的位移如图 5 - 3(e) 所示，则多余力 X_3 单独作用时，B 点沿 X_1 多余力方向的位移为 $\delta_{13}X_3$。

（4）当荷载 P 单独作用时，B 点沿 X_1 方向的位移为 Δ_{1P}，如图 5 - 3(f) 所示。

根据叠加原理，可将上述的位移条件写成

$$\Delta_1 = \delta_{11}X_1 + \delta_{12}X_2 + \delta_{13}X_3 + \Delta_{1P} = 0$$

依同样的分析方法可得

$$\Delta_2 = \delta_{21}X_1 + \delta_{22}X_2 + \delta_{23}X_3 + \Delta_{2P} = 0$$

$$\Delta_3 = \delta_{31}X_1 + \delta_{32}X_2 + \delta_{33}X_3 + \Delta_{3P} = 0$$

写成方程组即为

$$\left.\begin{array}{l} \delta_{11}X_1 + \delta_{12}X_2 + \delta_{13}X_3 + \Delta_{1P} = 0 \\ \delta_{21}X_1 + \delta_{22}X_2 + \delta_{23}X_3 + \Delta_{2P} = 0 \\ \delta_{31}X_1 + \delta_{32}X_2 + \delta_{33}X_3 + \Delta_{3P} = 0 \end{array}\right\} \tag{5 - 2}$$

主斜线

这就是根据位移条件建立的求多余力 X_1、X_2 和 X_3 的方程组。式(5 − 2)的物理意义为：在相应结构中，由于多余力和荷载的共同作用，在多余力处(如 B 点)沿 X_1、X_2 和 X_3 方向上的总位移，应与原结构中相应的位移相等。在上列的方程组中，主斜线(从左上方的 δ_{11} 至右下方的 δ_{33})上的系数 δ_{ii} 称为**主系数**，主斜线两侧的其他系数 $\delta_{ij}(i \neq j)$ 称为**副系数**，而 Δ_{iP} 则称为自由项。所有系数和自由项，均为本结构沿相应于某一多余力方向的位移，并规定此位移与所设多余力方向一致为正，故主系数总是正的，且不会等于零。根据位移互等定理，在主斜线两侧的对称位置的副系数相等，即

$$\delta_{ij} = \delta_{ji}$$

力法方程式(5 − 2)通常被称为**力法典型方程**。在此方程中的各系数和自由项，都是本结构在一个单位多余力或荷载作用下的位移，可根据第 4 章计算位移的方法求得。将求得系数和自由项代入典型方程，即可解得各多余力，然后按分析静定结构的方法，求出原结构的反力和内力。

如果结构为 n 次超静定，它就有 n 个多余联系，就有 n 个多余力，故可按相应的位移条件建立 n 个方程。当原结构在多余力方向的位移等于零时，力法典型方程可写成

$$
\left.
\begin{aligned}
\delta_{11}X_1 + \delta_{12}X_2 + \cdots + \delta_{1i}X_i + \cdots + \delta_{1n}X_n + \Delta_{1P} &= 0 \\
\vdots \\
\delta_{i1}X_1 + \delta_{i2}X_2 + \cdots + \delta_{ii}X_i + \cdots + \delta_{in}X_n + \Delta_{iP} &= 0 \\
\vdots \\
\delta_{n1}X_1 + \delta_{n2}X_2 + \cdots + \delta_{ni}X_i + \cdots + \delta_{nn}X_n + \Delta_{nP} &= 0
\end{aligned}
\right\}
\tag{5 − 3}
$$

由于在力法典型方程中，各系数都表示本结构在单位力作用下的位移，显然，如果系数值越大，即表明其位移越大，亦即本结构在此方向的刚度越小，也就是柔度越大，故又将上述系数称为柔度系数，一般又将力法称为柔度法。

5.3　力法计算举例

【例 5.1】试用力法计算图 5 − 4(a)所示的梁，求出多余未知力 X_1。设梁 EI 等于常数。

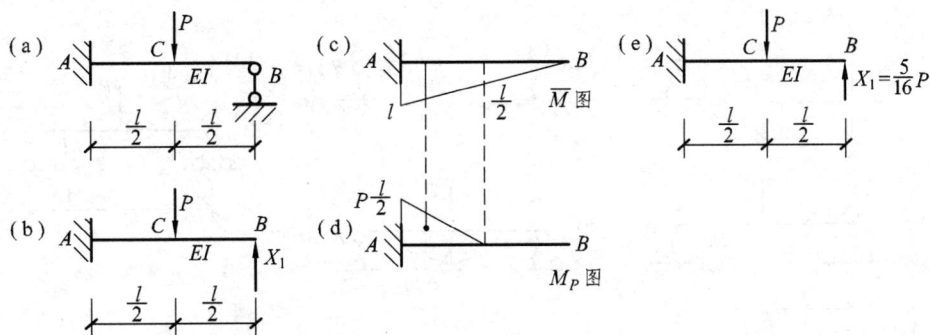

图 5 − 4

解：题示梁具有一个多余联系，是一次超静定结构。如果去掉B链杆支座，代之以多余力X_1，即可得相应结构如图 5 - 4(b) 所示。

利用原结构在多余力X_1处（支座B处）沿X_1方向的位移等于零的条件，即由式(5 - 1c)可建立力法方程如下

$$\delta_{11}X_1 + \Delta_{1P} = 0$$

先绘出本结构在$\overline{X}_1 = 1$作用下的$\overline{M}_1$弯矩图，如图 5 - 4(c) 所示；再绘制出在荷载作用下的弯矩图M_P，如图 5 - 4(d) 所示，然后用图乘法求得

$$\delta_{11} = \frac{1}{EI}\left(\frac{1}{2} \times l \times l \times \frac{2}{3}l\right) = \frac{l^3}{3EI}$$

$$\Delta_{1P} = -\frac{1}{EI}\left[\frac{1}{2} \times \frac{l}{2} \times \frac{Pl}{2} \times \left(\frac{2}{3} \times l + \frac{1}{3} \times \frac{l}{2}\right)\right] = -\frac{5Pl^3}{48EI}$$

将求得的δ_{11}和Δ_{1P}代入力法方程，可解得多余力X_1为

$$X_1 = -\frac{\Delta_{1P}}{\delta_{11}} = \frac{5Pl^3}{48EI} \times \frac{3EI}{l^3} = \frac{5}{16}P(\uparrow)$$

在求出X_1之后，可根据叠加法绘制原结构的弯矩图。例如求梁支座A截面的弯矩M_A为

$$M_A = (\overline{M}_1)_A X_1 + (M_P)_A$$

$$= \frac{5}{16}P \times l - \frac{Pl}{2} = -\frac{3}{16}Pl(\text{上边受拉})$$

利用静力平衡条件，求出A、B支座反力。

根据以上力法计算过程，用力法求解超静定结构的一般步骤为：

(1) 去掉多余约束，选取相应结构。

(2) 建立力法方程。

(3) 分别作出本结构在荷载作用下及单位未知力作用下的弯矩图M_P、$\overline{M}_1$。

(4) 利用图乘法求方程中的系数和自由项Δ_{1P}。

(5) 解力法方程，求出多余未知力。

(6) 根据已求得的未知力，用叠加方法画出弯矩图，由相应结构画剪力图和轴力图。

如按上述步骤解上题另一方法：

(1) 选取相应结构如图 5 - 5(b) 所示。

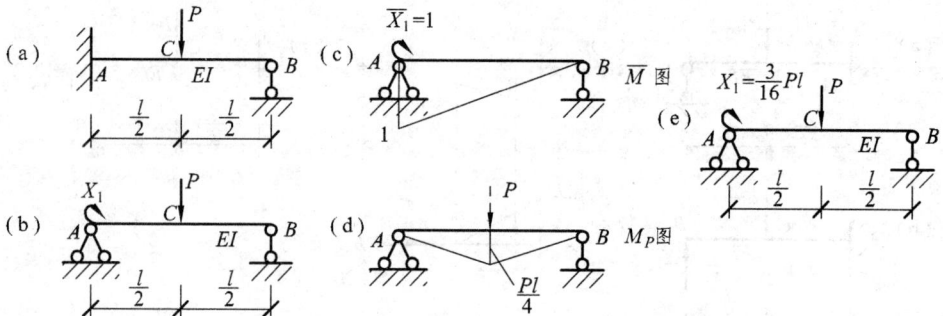

图 5 - 5

68

（2）建立力法方程：

$$\delta_{11}X_1 + \Delta_{1P} = 0$$

（3）作出 $\overline{M}_1$、M_P 图，如图 5 – 5（c）、（d）所示，用图乘法求出方程中的系数和自由项：

$$\delta_{11} = \frac{1}{EI}\left(\frac{1}{2} \times 1 \times l \times \frac{2}{3} \times 1\right) = \frac{l}{3EI}$$

$$\Delta_{1P} = -\frac{1}{EI}\left[\frac{1}{2} \times l \times \frac{Pl}{4} \times \left(\frac{1}{2}\right)\right] = -\frac{Pl^2}{16EI}$$

（4）代入力法方程得：

$$X_1 = \frac{\Delta_{1P}}{\delta_{11}} = -\frac{Pl^2}{16EI} \times \frac{3EI}{l} = -\frac{3}{16}Pl（上边受拉）$$

与方法一求出的 A 端弯矩是一样大的，可见：选取不同的相应结构不影响解题结果。

【例 5.2】 试用力法求图 5 – 6（a）所示刚架的多余未知力。EI 等于常数。

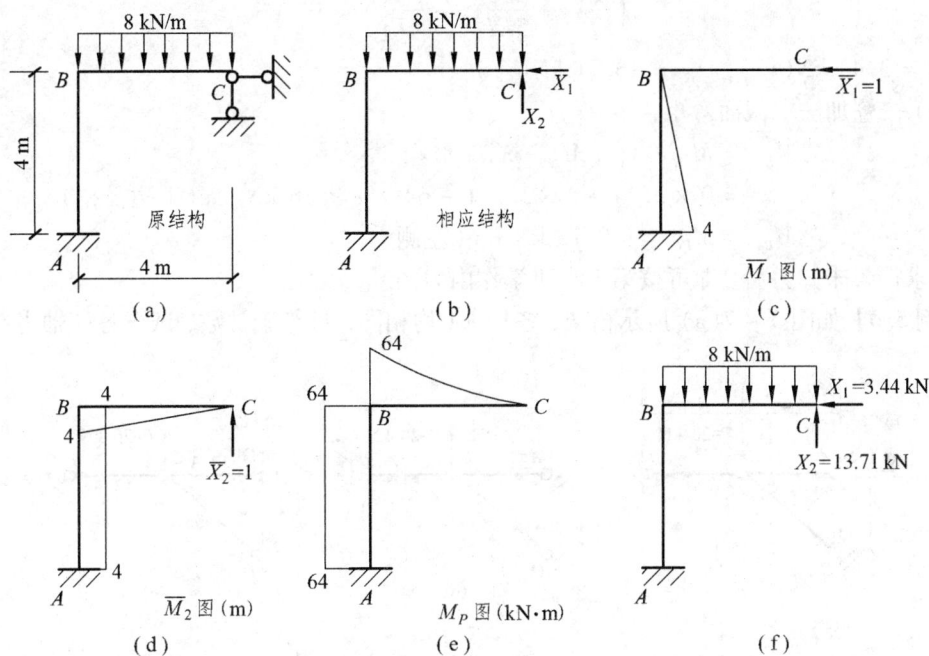

图 5 – 6

解： 经几何组成分析知题示刚架具有两个多余联系，是二次超静定结构。

（1）选取相应结构如图 5 – 6（b）所示。

（2）建立力法方程

$$\begin{cases} \delta_{11}X_1 + \delta_{12}X_2 + \Delta_{1P} = 0 \\ \delta_{21}X_1 + \delta_{22}X_2 + \Delta_{2P} = 0 \end{cases}$$

（3）作出 M_P、$\overline{M}_1$、$\overline{M}_2$ 图，如图 5 – 6（e）、（c）、（d）所示，用图乘法求出方程中的系数和自由项

$$\delta_{11} = \frac{1}{EI}\left(\frac{1}{2} \times 4 \times 4\right) \times \left(\frac{2}{3} \times 4\right) = \frac{64}{3EI}$$

$$\delta_{22} = \frac{1}{EI}\left(\frac{1}{2} \times 4 \times 4 \times \frac{2}{3} \times 4 + 4 \times 4 \times 4\right) = \frac{256}{3EI}$$

$$\delta_{12} = \delta_{21} = \frac{1}{EI}\left(\frac{1}{2} \times 4 \times 4\right) \times 4 = \frac{32}{EI}$$

$$\Delta_{1P} = -\frac{1}{EI}\left(\frac{1}{2} \times 4 \times 4 \times 64\right) = -\frac{512}{EI}$$

$$\Delta_{2P} = \frac{1}{EI}\left(-\frac{1}{3} \times 4 \times 64 \times \frac{3}{4} \times 4 - 4 \times 4 \times 64\right) = -\frac{1\,280}{EI}$$

（4）代入力法方程得

$$\begin{cases} \frac{64}{3EI}X_1 + \frac{32}{EI}X_2 - \frac{512}{EI} = 0 \\ \frac{32}{EI}X_1 + \frac{256}{3EI}X_2 - \frac{1\,280}{EI} = 0 \end{cases}$$

$X_1 = 3.44 \text{ kN}(\leftarrow)$, $X_2 = 13.71 \text{ kN}(\uparrow)$

（5）按叠加法求截面弯矩，如

$$M_{BC} = \overline{M}_{1B} \cdot X_1 + \overline{M}_{2B} \cdot X_2 + M_{PB}$$

$$= 0 \times 3.44 + 4 \times 13.71 - 64 = -9.16 \text{ kN} \cdot \text{m}（上边受拉）$$

$$M_{BA} = M_{BC} = -9.16 \text{ kN} \cdot \text{m}（左侧受拉）$$

当求得各未知力后，即可按第 3 章所学作内力图。

【例 5.3】如图 5 - 7(a) 所示桁架，各杆 EA 均相同，且等于常数，试求各杆轴力。

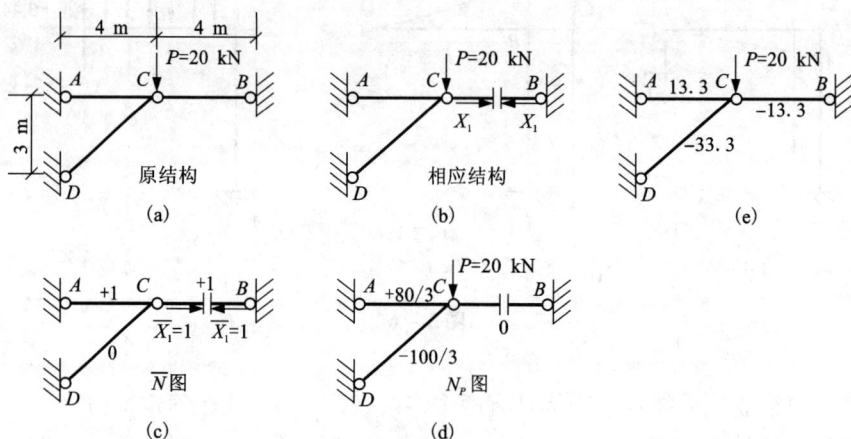

图 5 - 7

解：（1）选取相应结构。

首先进行几何组成分析，知其为有一个多余联系的几何不变体系。故选取相应结构如图 5 - 7(b) 所示。

（2）列力法典型方程式。

70

$$\delta_{11}X_1 + \Delta_{1P} = 0$$

（3）求系数 δ_{11} 和自由项 Δ_{1P}。

先求出本结构在单位力作用下的轴力如图 5 − 7(c) 所示，荷载单独作用下的轴力图如图 5 − 7(d) 所示。

$$\delta_{11} = \frac{1}{EA}(1 \times 1 \times 4 + 1 \times 1 \times 4) = \frac{8}{EA}$$

$$\Delta_{1P} = \frac{1}{EA}\left(1 \times \frac{80}{3} \times 4\right) = \frac{320}{3EA}$$

（4）计算未知力 X_1。

$$X_1 = -\frac{\Delta_{1P}}{\delta_{11}} = -\frac{320}{3EA} \times \frac{EA}{8} = -13.3 \text{ kN}$$

（5）应用叠加原理计算各杆轴力。

$$N = \overline{N}X_1 + N_P$$

$$N_{AC} = 1 \times (-13.3) + \frac{80}{3} \approx 13.3 \text{ kN}$$

最后轴力如图 5 − 7(e) 所示。

【例 5.4】如图 5 − 8(a) 所示超静定梁，在 A 端发生一转角 φ，EI 为常数，试求多余未知力，并作其弯矩图。

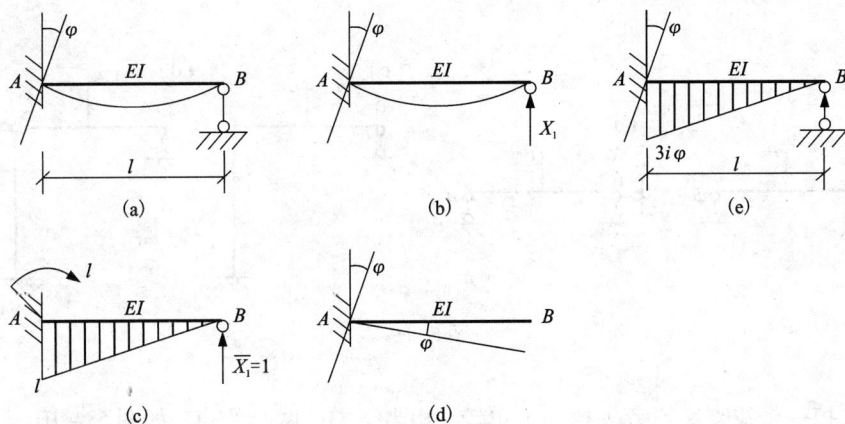

图 5 − 8

解：（1）作相应结构。

对其进行几何组成分析知其为一次超静定结构，作出相应结构如图 5 − 8(b) 所示。

（2）列典型方程。

$$\delta_{11}X_1 + \Delta_{1C} = 0$$

（3）求系数和自由项。

$$\delta_{11} = \frac{1}{EI}\left(\frac{1}{2} \times l \times l \times \frac{2}{3}l\right) = \frac{l^3}{3EI}$$

$$\Delta_{1C} = -\sum \overline{R}_i \cdot C_i = -\sum (l \times \varphi) = -l\varphi$$

(4) 计算未知力 X_1。

$$X_1 = -\frac{\Delta_{1C}}{\delta_{11}} = -(-l\varphi) \times \frac{3EI}{l^3} = \frac{3EI}{l^2}\varphi$$

令 $i = \dfrac{EI}{l}$，则

$$X_1 = \frac{3i\varphi}{l}$$

(5) 作 M 图，如图 5 - 8(e) 所示。

将各种支座位移影响下，不同荷载情况作用下单跨梁的内力计算后结果列于附录表中。

5.4　相应结构

每一个超静定结构对应的相应结构不是唯一的，同一个超静定结构可以有几个相应结构，但它们的多余未知力个数是一样多的，其本结构都是静定不变体系。选择相应结构有下面几种方法：

(1) 去掉一个可动铰支座或者切断一根链杆，相当于去掉一个约束，如图 5 - 1(a)、(b) 及(c)、(d) 所示。

(2) 将一个固定端支座改为铰支座或将一刚性连接改为单铰连接，相当于去掉一个约束，如图 5 - 9(a)、(b) 及(c)、(d) 所示。

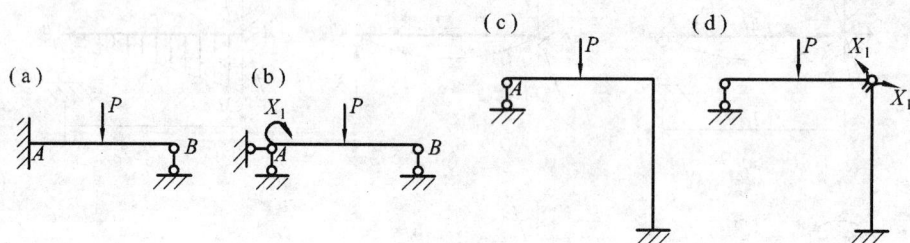

图 5 - 9

(3) 去掉一个铰支座或者去掉一个单铰，相当于去掉两个约束，如图 5 - 10(a)、(b) 及(c)、(d) 所示。

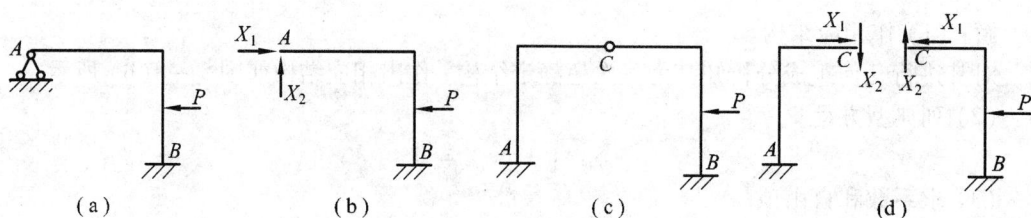

图 5 - 10

（4）去掉一个固定支座或切断一根梁式杆，相当于去掉三个约束，如图 5 – 11（a）、（b）、（c）所示。

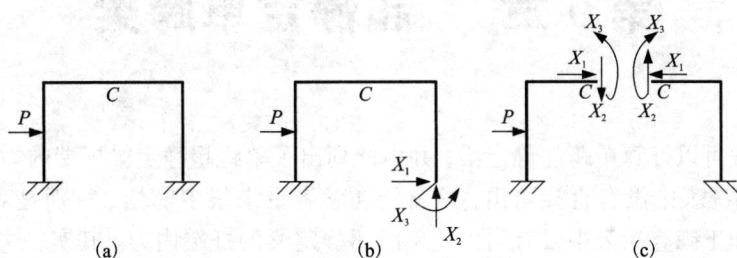

图 5 – 11

这里要强调的是，相应结构必须是几何不变的静定结构，如图 5 – 12（a）所示的刚架，如果去掉支座处的链杆，变成如图 5 – 12（b）所示的瞬变体系，是不允许的。

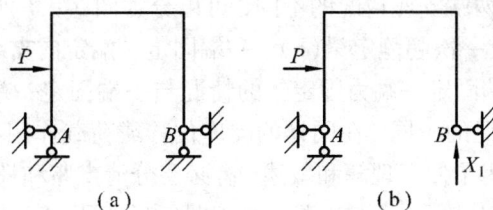

图 5 – 12

第6章　超静定单跨梁

用前面力法可以计算单跨超静定梁，并由此列出了单跨超静定梁杆端内力表供学习者查用。但有很多情况表中没有直接给出，这就给初学者带来很多麻烦，特别是对高职生来说，更是难以理解和正确查用表中没有列出的单跨超静定梁的杆端内力。其实，这也就是以后要讲的位移法难以掌握的原因。基于此，本章详细讲解单跨超静定梁的各种位移、荷载、变形、杆端内力，使得初学者能正确查表并为以后学习力矩分配法和位移法做好充分准备。

6.1　概　述

单跨超静定梁根据其两端支座情况的不同，可以分为图6－1所示两端固定三次超静定梁(a)、一端固定一端铰支一次超静定梁(b)、一端固定一端定向支承二次超静定梁(c)3种，另外，因无轴向荷载，一端固定一端为固定铰的情况与一端固定一端为可动铰的梁相同，故省略未画出。由于支座情况的不同，在同样的支座位移或荷载作用下，梁的变形不同，引起的杆端内力正负也不同。为了便于理解和叙述，有必要分清支座和杆端，图6－1中 AB 梁的 A 端和 A 支座用同一个字母 A 表示，而另一端，对于图(a)用同一字母 B 表示；图(b)和(c)用 C 表示支座，用 B 表示 AB 梁的 B 端。

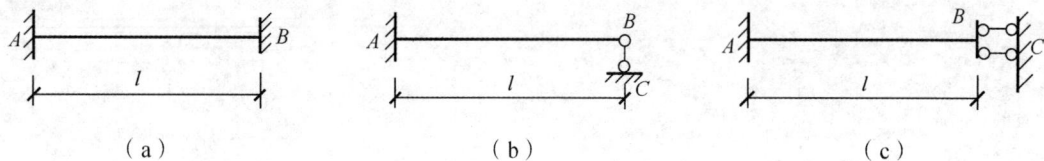

图6－1

单跨超静定梁的杆端内力的正负符号规定至关重要。在力法中，内力符号基本上继承了工程力学的规定。这里为了便于讨论，必须而又仅需将梁端点处的弯矩符号改变一下，变成如图6－2所示的规定，即：对于 AB 梁的梁(杆)端，如 A 端弯矩 M_{AB} 或 B 端弯矩 M_{BA} 来说，**杆端弯矩以顺时针为正，反之为负**；而对支座如 C 或 B 支座而言，梁 A 端 C 支座弯矩 M_{AB} (或用 M_C)，梁 B 端 B 支座弯矩 M_{BA} 取逆时针转向为正，反之为负；所有剪力以顺时针转为正，如**图6－2(d)所示。**

梁(杆)端内力正负号的规定看似简单，但在实际应用中，由梁的变形判定正负的过程中往往搞错，下面举例说明荷载作用下梁端弯矩内力的正负判定。

【例6.1】　图6－3所示梁为 A 、 B 端均为固定的单跨超静定梁，受集中力作用，试确定梁两端弯矩的实际正负。

74

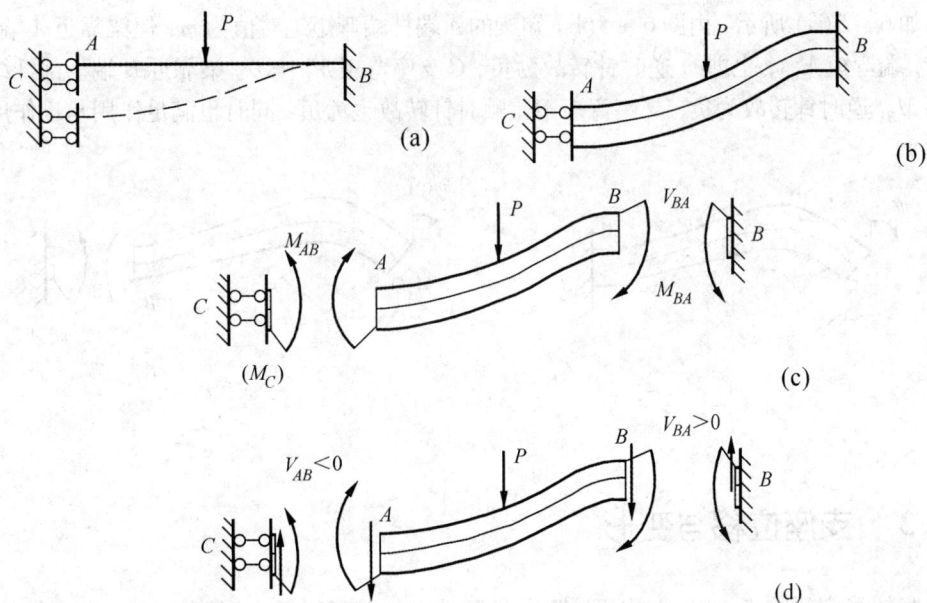

图 6 - 2

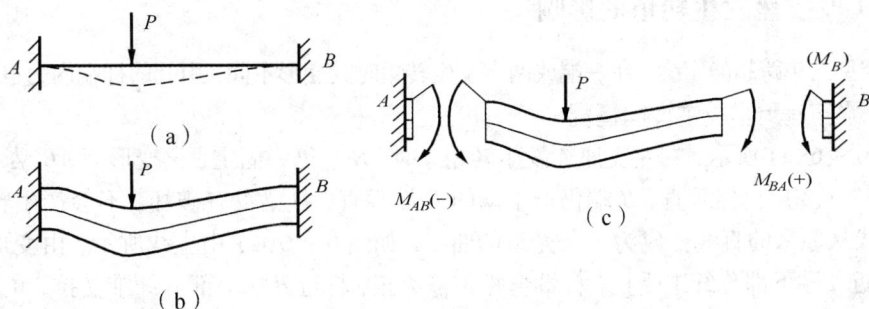

图 6 - 3

分析：

两端都不能产生水平位移、竖向位移和转角位移，且在集中力作用下中部要向下弯曲，变形如图 6 - 3(b) 所示，由变形图知梁 A、B 端均为上边纤维受拉，即 AB 梁靠近 A 端的上边缘受拉，画出梁端弯矩 M_{AB} 方向如图 6 - 3(c) 所示，与正号规定顺时针转相反，故为负值；AB 梁靠近 B 端的上边缘也受拉，与正号规定顺时针转相同，故为正值。支座弯矩规定逆时针转为正，由图知 M_{AB} 顺时针转为负，M_{BA} 逆时针转为正，与杆端弯矩满足作用与反作用规律。

【例 6.2】 图示 6 - 4 AB 梁 A 端为可动铰支，B 端为固定端的单跨超静定梁，在 A 端受集中力偶作用，试画其变形图，并判定梁端弯矩正负。

分析：

先根据 AB 梁的 A 端为光滑圆柱形铰能自由转动，B 端为固定端不能发生水平、竖向和转角位移的原则，画得

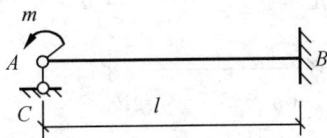

图 6 - 4

变形图如 6 - 5(a) 所示，由图 6 - 5(b) 知梁的 A 端杆端弯矩绝对值为 m，但梁靠近 A 端上部纤维受拉，端弯矩 M_{AB}，也即 m 逆时针转故为负，C 支座弯矩 $M_C = 0$。梁靠近 B 端下部纤维受拉，端弯矩 M_{BA} 逆时针转故为负，支座弯矩 M_{BA} 顺时针转故也为负，同时也满足作用与反作用规则。

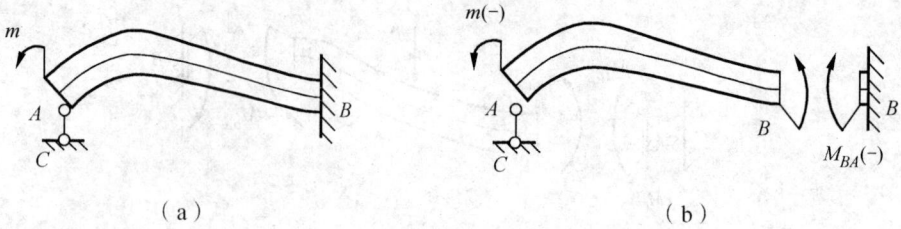

图 6 - 5

6.2 支座位移与变形

单跨超静定梁除了在荷载作用下发生变形外，在支座位移和温度影响下也会发生变形，但本节只讲支座位移对其的影响，不考虑温度的影响。

6.2.1 支座发生转角的影响

3 种类型的单跨超静定梁，在一端或两端发生转角时其变形不同，引起的杆端内力也不同。

1. AB 梁左端支座发生转角情况

如图 6 - 6(a) 所示，在左支座 A 发生转角 θ 时，B 端仍为固定，梁变形后 AB 梁 A 端与发生转角后的 A 支座仍然垂直，B 端仍与不动的 B 端垂直，且梁没有破坏，不会产生转折和尖角，梁轴线从原来的直线变成为一条光滑的曲线，如图 6 - 6(a) 中虚线所示，由变形曲线可确定梁靠近 A 端下部分纤维受拉，杆端弯矩 M_{AB} 为正，杆近 B 端上部分纤维受拉，M_{BA} 杆端弯矩为正。查后面的杆端内力表得杆端弯矩 $M_{AB} = 4i\theta$，i 是线性刚度 EI/L，θ 规定为顺时针转为正，$M_{BA} = 2i\theta$。图 6 - 6(b) 在左支座 A 发生转角 θ 时，B 端右支座 C 不受影响且不动，AB 梁 B 端可随 A 端转角自由转动，画得变形轴线如图 6 - 6(b) 虚线所示，查表得杆端弯矩 $M_{AB} = 3i\theta$，$M_{BA} = 0$。图 6 - 6(c) 在左支座 A 发生转角 θ 时，B 端右支座 C 不动，AB 梁 B 端可以上下自由滑动，B 端竖向位移不是支座位移，而是左支座 A 转角 θ 引起的 B 杆端被动下滑（**杆端下滑不引起杆端内力**），而 B 端支座 C 没有发生位移，其变形如图 6 - 6(c) 虚线所示，查表得杆端弯矩 $M_{AB} = i\theta$，$M_{BA} = -i\theta$。

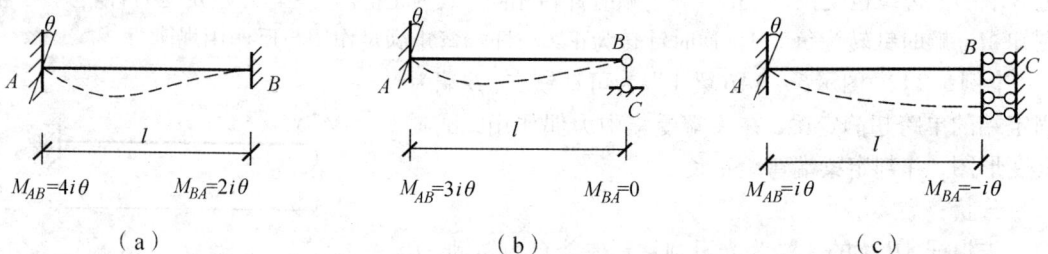

图 6 - 6

2. AB 梁右端支座发生转角情况

图 6 - 7(a) 在右端支座 B 发生转角 θ 时，A 端仍为固定，梁近 A 端下部纤维受拉，杆端弯矩 M_{AB} 为正，AB 梁近 B 端上部分纤维受拉，M_{BA} 杆端弯矩为正，其变形如图 6 - 7(a) 虚线所示，查杆端内力表得杆端弯矩 $M_{AB} = 2i\theta$，$M_{BA} = 4i\theta$。图 6 - 7(b) 在右 C 端支座发生转角 θ 时，铰可自由转动，故梁端 B 不动，整根杆不产生变形，也不产生杆端弯矩，$M_{AB} = 0$，$M_{BA} = 0$，故可省去。图 6 - 7(c) 在右端 C 支座发生转角 θ 时，B 端也产生转角 θ，AB 梁的变形与两端固定的图 6 - 7(a) 相同，从变形知，此时该梁相当于两端均为固定的超静定梁，杆端弯矩 $M_{AB} = 2i\theta$，$M_{BA} = 4i\theta$，故附录表中此种情况省去。

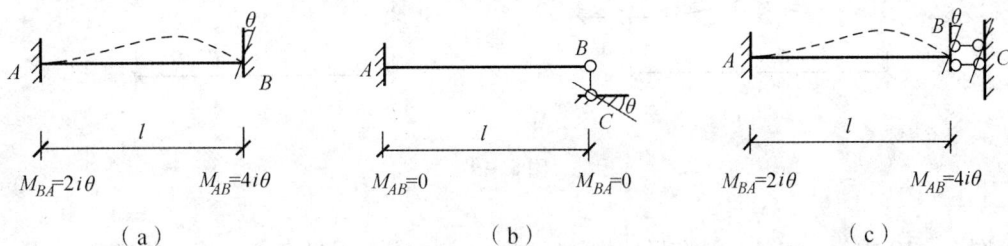

图 6 - 7

3. 两支座同时发生转角情况

由前面分析可知，只有两端固定的单跨梁才有可能两端同时发生转角梁并受影响，一端固定，一端定向支承的情况，两端都发生转角时相当于两端固定梁的情况。

将图 6 - 8(a) 分解为图(b) 和图(c) 之和，画得变形图如图 6 - 7(a) 虚线所示，查杆端内力表得

$$M_{AB} = 4i\theta_A + 2i\theta_B \qquad M_{BA} = 2i\theta_A + 4i\theta_B$$

$$V_{AB} = -\frac{6i}{l}\theta_A - \frac{6i}{l}\theta_B \qquad V_{BA} = -\frac{6i}{l}\theta_A - \frac{6i}{l}\theta_B$$

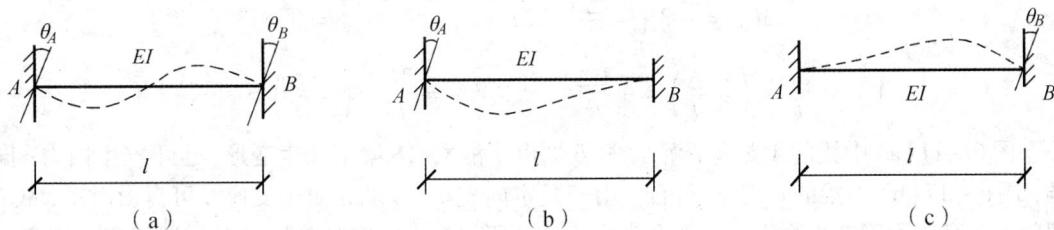

图 6 - 8

6.2.2　支座发生竖向位移的影响

支座发生竖向位移也会使梁产生变形，且变形与梁两端的相对位移和梁本身的转动方向有关，杆端内力的正负又与梁的变形有关，下面就来研究竖向位移与变形的关系。

单跨超静定梁单独左端上升产生的变形与右端单独下降产生的变形是一样的，**梁本身转**

动的方向也一样，都是顺时针转；左端下降产生的变形与右端上升产生的变形也是一样的，所以杆端弯矩也一样。

梁转角 θ 规定以顺时针转动为正，查表可知图 6-9 中 $M_{AB} = -6i\theta = -6i\dfrac{\Delta}{l}$，$M_{BA} = -6i\theta = -6i\dfrac{\Delta}{l}$。

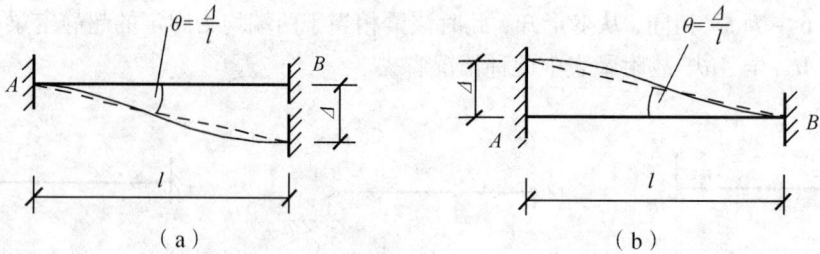

图 6-9

图 6-10 中(a)和(b)梁变形一样，杆端内力也一样，且转角 θ 为负，查表得

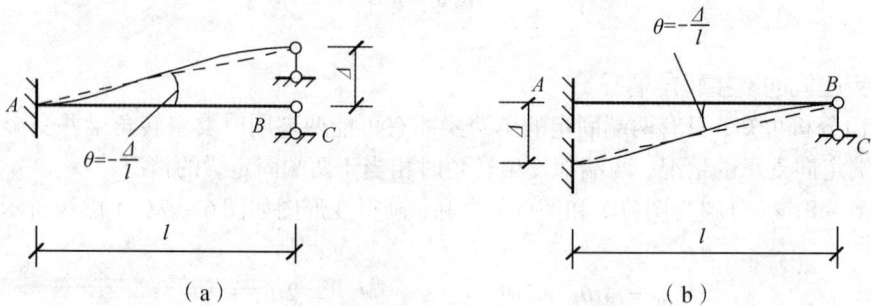

图 6-10

$$M_{AB} = -3i\left(-\frac{\Delta}{l}\right) = 3i\frac{\Delta}{l} \qquad M_{BA} = 0$$

$$V_{AB} = \frac{3i}{l} \times \left(-\frac{\Delta}{l}\right) = -\frac{3i\Delta}{l^2} \qquad V_{BA} = \frac{3i}{l} \times \left(-\frac{\Delta}{l}\right) = -\frac{3i\Delta}{l^2}$$

图 6-11(a)中梁的 A 支座下沉 Δ，杆 B 端也下滑 Δ，AB 梁不产生变形，也不产生内力；同样，图 6-11(b)中梁的 C 支座下沉 Δ，由于是定向支承，B 端相对于支座 C 可自由滑动，故 B 端并不下移，梁不产生变形，也不会产生内力，所以说，**支座竖向位移对一端固定一端定向支承的单跨梁不产生内力影响。**

6.3　查表求杆端内力

前面已经讲述了支座位移引起单跨超静定梁的变形，由变形可以确定杆端内力的正负，杆端内力的大小值可由杆端内力表查得，下面举例讲解表中未列出的单跨超静定梁杆端内力查表求法。

78

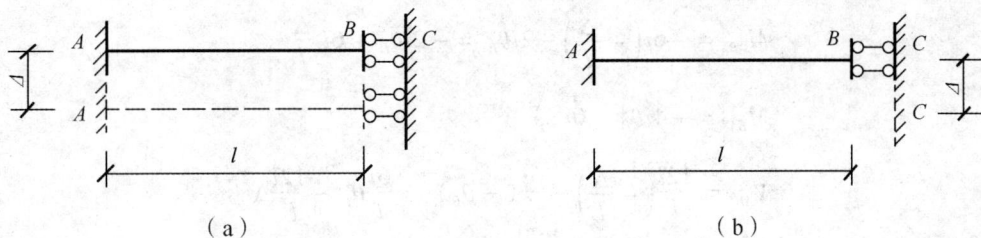

图 6 – 11

【例 6.3】　先画出图 6 – 12 所示梁的变形图，EI 为常数，然后查表计算梁的杆端内力。

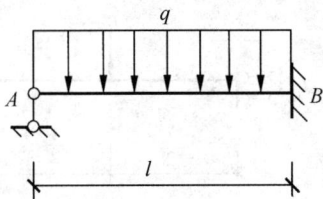

图 6 – 12

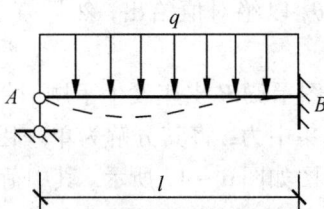

图 6 – 13

解：画得变形图如 6 – 13，**由变形图知**，梁近 B 端上部纤维受拉，弯矩为正，其正负与表中左端固定，右端可动铰的情况反号，其他内力跟着也一致反号。

查附录表图 10 得

$$M_{AB} = 0 \qquad M_{BA} = +\frac{3}{8}ql^2$$

$$V_{AB} = \frac{3}{8}ql \qquad V_{BA} = -\frac{5}{8}ql$$

【例 6.4】　先画出图 6 – 14 所示梁的变形图，EI 为常数，θ_B 以绝对值给出，然后查表计算梁的杆端内力。

解：图示梁 A 支座发生了向下竖向位移，B 支座发生了逆时针方向转角位移，在两个因素影响下的变形图很难准确画出，但可以分解为单一因素下的梁，画变形图如图 6 – 15 所示，再分别**由变形图查杆端内力定正负**。

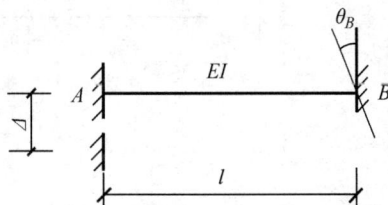

图 6 – 14

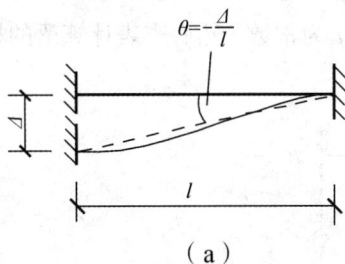

（a）

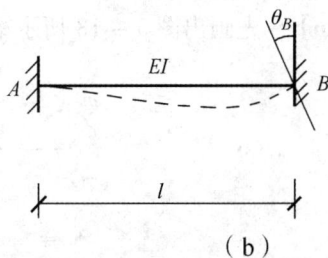

（b）

图 6 – 15

$$M_{AB} = -6i\left(-\frac{\Delta}{l}\right) - 2i\theta_B = -2i\theta_B + 6i\frac{\Delta}{l}$$

$$M_{BA} = -4i\theta_B + 6i\frac{\Delta}{l}$$

$$V_{AB} = \frac{12i}{l}\left(-\frac{\Delta}{l}\right) - \frac{6i}{l}(-\theta_B) = \frac{6i}{l}\theta_B - \frac{12i}{l^2}\Delta$$

$$V_{BA} = \frac{12i}{l}\left(-\frac{\Delta}{l}\right) - \frac{6i}{l}(-\theta_B) = \frac{6i}{l}\theta_B - \frac{12i}{l^2}\Delta$$

【例6.5】 先画出图6-16所示梁的变形图，EI 为常数，θ_B 以绝对值给出，然后查表计算梁的杆端内力。

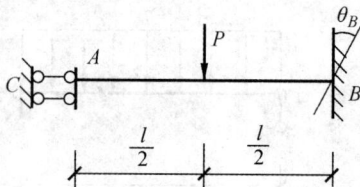

图 6 - 16

解：图示梁 B 支座发生了顺时针方向转角位移，跨中作用集中力，将其分解为单一因素影响下的梁，画得变形图如图6-17所示。其中荷载作用下的变形图如图6-17(b)所示，A 端弯矩为正，与表对应端正负符号相反，所以剪力也与表中符号相反，A 端竖向位移不是支座 C 的位移，而是杆 A 端受 B 端转角影响相对于支座 C 的滑动，是杆端被动滑移，不引起内力，然后分别**由变形图查杆端内力定正负。**

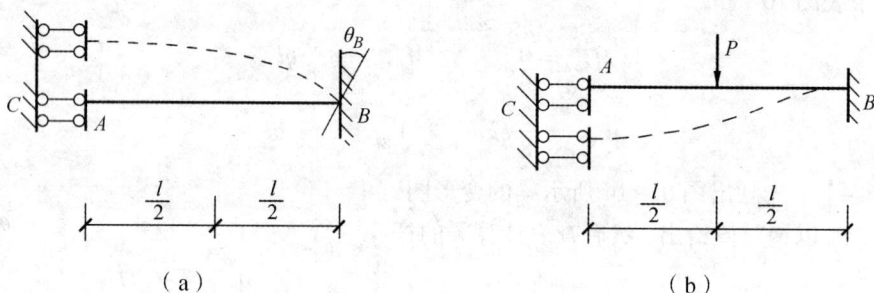

（a） （b）

图 6 - 17

$$M_{AB} = -i\theta_B + \frac{Pl^2}{8} \qquad M_{BA} = i\theta_B + \frac{3Pl^2}{8}$$

$$V_{AB} = 0 + 0 = 0 \qquad V_{BA} = 0 - P = -P$$

【例6.6】 先画出图6-18所示梁的变形图，EI 为常数，然后查表计算梁的杆端内力。

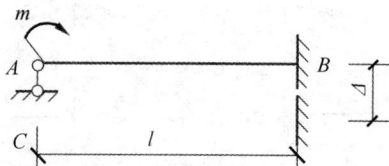

图 6 - 18

解：图示梁 A 端作用一力偶，B 支座发生了向下竖向位移，将其分解为单一因素影响下的梁，画变形图如 6 – 19 所示。图 6 – 19(a) 中力偶引起的梁近 B 端上边受拉，弯矩为正，与表中左端固定右端可动铰情况下的不变正负一致，故其他值也与表中对应端一致，再分别由变形图查杆端内力定正负。

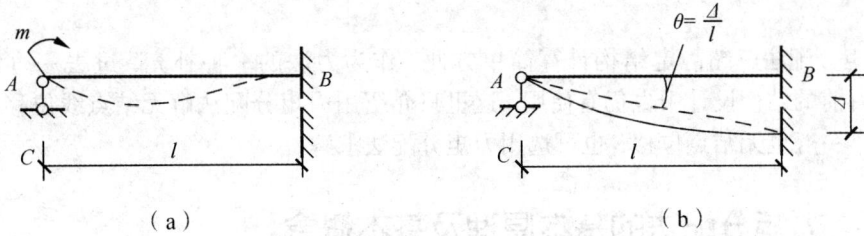

图 6 – 19

$$M_{AB} = 0$$

$$M_{BA} = \frac{m(l^2 - 3b^2)}{2l^2} - 3i\left(\frac{\Delta}{l}\right) = \frac{m(l^2 - 3 \times 0)}{2l^2} - 3i\frac{\Delta}{l} = \frac{m}{2} - 3i\frac{\Delta}{l}$$

$$V_{AB} = -\frac{3m(l^2 - 3b^2)}{2l^3} + \frac{3i}{l}\left(\frac{\Delta}{l}\right) = \frac{3m(l^2 - 3 \times 0)}{2l^3} + \frac{3i\Delta}{l^2} = \frac{3m}{2l} + \frac{3i\Delta}{l^2}$$

$$V_{BA} = \frac{3m}{2l} + \frac{3i\Delta}{l^2}$$

第7章 力矩分配法

用力矩分配法解超静定结构计算简单方便，作为力法的一种补充，过去一直使用很广泛，它在目前的结构设计中也仍有使用。这里只介绍用力矩分配法解无结点线位移的简单刚架。多跨梁一般也无结点位移，也可选用力矩分配法求解。

7.1 力矩分配法的基本原理及基本概念

力矩分配法是将结构离散成单跨超静定梁，然后通过结点的弯矩平衡来计算的，所以其杆端内力的正负号沿用单跨超静定梁的规定。

7.1.1 抗单转弯矩(转动刚度)S

在力矩分配法中，常用到转动刚度 S 的概念。对于任一杆件，如图 7－1 所示的 AB 杆，当只有 A 端支座转动一个单位角时，转动 A 端不变给 AB 梁所需施加的弯矩 S_{AB}，就称 AB 杆在 A 端的抗单转弯矩或转动刚度。反过来也可以说是要使 AB 杆的 A 端转动单位角，必须在 A 端施加弯矩 S_{AB}，它标志杆端抵抗转动能力的大小。一般来说，施加弯矩而产生单位转角的一端称为近端，杆件的另一端则称为远端。显然，可由附录表中查出等截面直杆的抗单转弯矩。由此可知，对于等截面直杆的抗单转弯矩 S，只与远端支承情况和线性刚度 $i = \dfrac{EI}{l}$ 有关。3 种情况如图 7－1 所示。

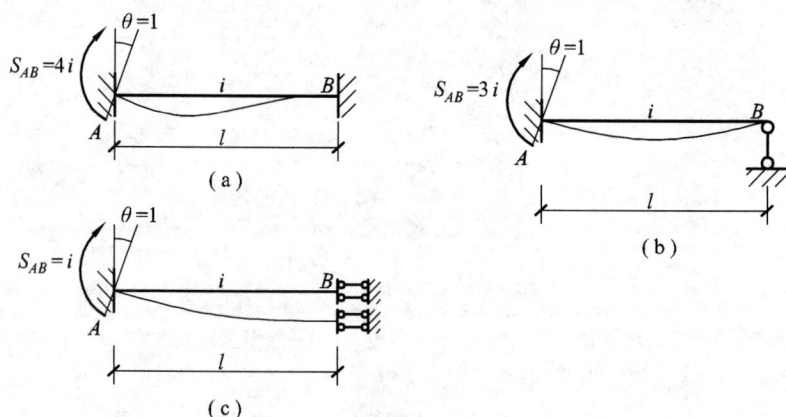

图 7－1

7.1.2　结点弯矩的分配及传递

选择图7-2(a)所示刚架作为典型刚架来分析它的受力情况。该刚架在刚结点A处受一已知集中力偶m荷载作用,且无线位移,结点力偶以顺时针转为正,由于A刚结点在m作用下有转角位移,引起各杆产生变形如图示,且变形由杆端位移控制。**依据变形相同受力也相同的原理**,以及杆端S的定义,对于图7-2(a),将各段梁按杆端位移与变形分离成等效的图(b)、(c)、(d),由抗单转弯矩(转动刚度)知图(b)、(c)、(d)中A端各弯矩:

$$M_{AB} = S_{AB}\theta_A$$
$$M_{AC} = S_{AC}\theta_A$$
$$M_{AD} = S_{AD}\theta_A$$

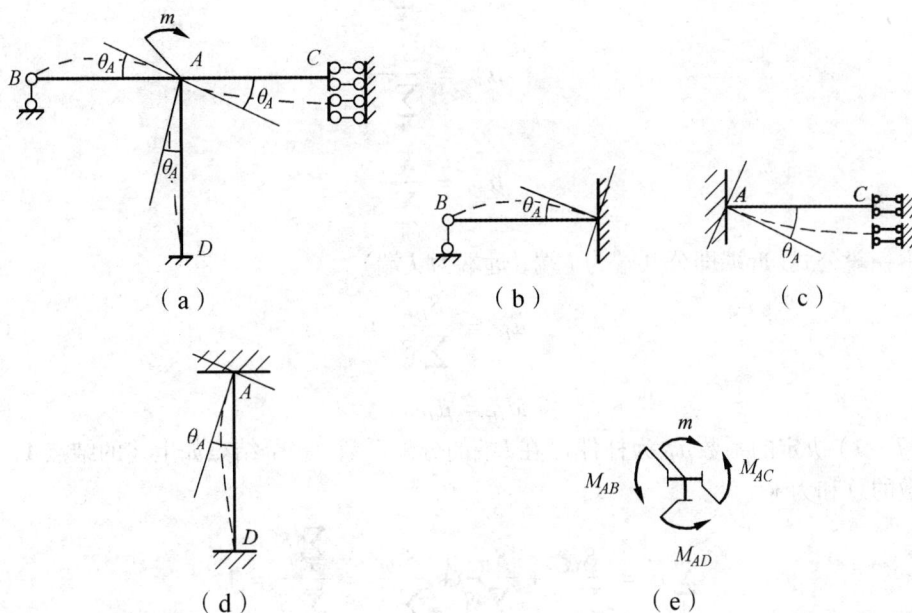

（a）　　　　　　　　　　（b）　　　　　　　　　　（c）

（d）　　　　　　　　　　（e）

图 7 - 2

取具有基本位移的结点A分析,如图(e)所示,有平衡方程

$$M_{AB} + M_{AC} + M_{AD} - m = 0$$

将上述弯矩表达式代入得

$$S_{AB}\theta_A + S_{AC}\theta_A + S_{AD}\theta_A - m = 0$$

解出

$$\theta_A = \frac{m}{S_{AB} + S_{AC} + S_{AD}} = \frac{m}{\sum_A S}$$

于是可以求刚架的各杆端弯矩如下:

1. 分配弯矩

如前所述,各杆在A端有力偶、有转角,A端为各杆近端,其余的端则为各杆的远端。在θ_A求出后,可得各杆的近端弯矩

$$M_{AB} = S_{AB} \cdot \theta_A = \frac{S_{AB}}{\sum\limits_A S} m = \mu_{AB} m$$

$$M_{AC} = S_{AC} \cdot \theta_A = \frac{S_{AC}}{\sum\limits_A S} m = \mu_{AC} m$$

$$M_{AD} = S_{AD} \cdot \theta_A = \frac{S_{AD}}{\sum\limits_A S} m = \mu_{AD} m$$

其中

$$\mu_{AB} = \frac{S_{AB}}{\sum\limits_A S}$$

$$\mu_{AC} = \frac{S_{AC}}{\sum\limits_A S}$$

$$\mu_{AD} = \frac{S_{AD}}{\sum\limits_A S}$$

可得一般公式(近端即公共端为 I 端,远端为 J 端)

$$\mu_{IJ} = \frac{S_{IJ}}{\sum\limits_I S} \tag{7-1}$$

$$M_{IJ} = \mu_{IJ} m \tag{7-2}$$

式(7-1)决定的系数 μ_{IJ} 为杆件 IJ 在 I 端的分配系数。一个结点如上述的结点 A,各杆的分配系数的总和为

$$\sum_A \mu = \frac{S_{AB}}{\sum\limits_A S} + \frac{S_{AC}}{\sum\limits_A S} + \frac{S_{AD}}{\sum\limits_A S} = \frac{\sum\limits_A S}{\sum\limits_A S} = 1 \tag{7-3}$$

利用此特点可校核分配系数的计算结果。

式(7-2)表明杆件在 I 端分配得到的弯矩,它由分配系数 μ_{IJ} 而定,与杆端抗单转弯矩(转动刚度)S_{IJ} 成正比,此刚度越大所分担的弯矩也越大。式(7-2)中由分配系数决定的弯矩 M_{IJ} 就称为分配弯矩。

2. 传递弯矩

图 7-2(a)所示的刚架中,杆件的远、近端的弯矩都可以由 θ_A 表达,由附录表可查出,于是知图(a)各杆的近端和远端的弯矩分别为

$$
\begin{aligned}
M_{AB} &= 3i\theta_A & M_{BA} &= 0 \\
M_{AC} &= i\theta_A & M_{CA} &= -i\theta_A \\
M_{AD} &= 4i\theta_A & M_{DA} &= 2i\theta_A
\end{aligned}
$$

远端弯矩称为传递弯矩,有一般公式

$$M_{远} = C_{近远} \cdot M_{近}$$

$$M_{JI} = C_{IJ} \cdot M_{IJ} \tag{7-4}$$

84

对于等截面直杆，由前面对应弯矩比值，得传递系数 C 只与杆件的远端支承情况有关：

远端铰支　　　　$C = 0$

远端定向支承　　$C = -1$

远端固支　　　　$C = 0.5$

有了分配弯矩求传递弯矩非常简便。

至此，对典型刚架，如图 7 - 2(a) 所示，已经求出它的全部杆端弯矩，分别等于分配或传递弯矩，并给出了计算式(7 - 1) ～ (7 - 3)。本节所述的杆端抗单转弯矩(转动刚度)S、杆端分配系数 μ 和传递系数 C，就是此后讨论力矩分配法的基本要素。

7.1.3　基本原理

对于只有一个刚结点的连续梁，符合上节所述典型刚架的条件，也可以使用力矩分配法，简单计算出杆端弯矩。现以求解图 7 - 3(a) 的连续梁来说明力矩分配法的基本原理。

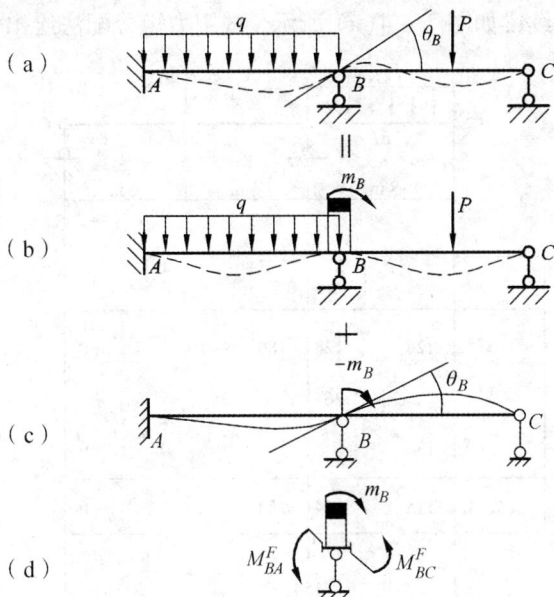

图 7 - 3

1. 固定刚结点

如图 7 - 3(b) 所示，用一控制转动的附加刚臂作用于梁，用它来固定刚结点 B 不让转动。这样图(b) 的连续梁，就被分隔成为互不干扰的在 B 端固定的单跨超静定梁，可以从附录表查出它们的固端弯矩 M^F。此时无疑必须依赖附加刚臂，附加刚臂实际相当于一抵抗转动的力偶 m_B，刚好保持 B 结点固定不动。取图(d) 所示的受力图，可知抵抗转动力偶 m_B 可以称为固平衡力矩。固平衡力矩按图(d) 计算如下

$$m_B = M_{BA}^F + M_{BC}^F$$

图(a) 和图(b) 不同之处就在于，前者没有此固平衡力矩而后者却有。

2. 放松刚结点

如图(c) 用 $-m_B$ 作用于 B 结点，相当于用其去抵消因增加了附加刚臂所增加的力偶，使得结点 B 放松如实转动。这样，图(b) 加图(c) 就等于图(a) 的连续梁，相加后 B 结点就没有

附加刚臂的反力，也就等于取消了此附加刚臂。

而图(c)的连续梁，也就是上节所讨论的典型刚架受力偶荷载的问题。$-m_B$ 即为结点荷载弯矩，结点弯矩的分配与传递在下面再讨论。

3. 叠加

将图(b)与图(c)相应的杆端弯矩叠加，即得与图(a)连续梁对应的杆端弯矩，也称为连续梁的最后杆端弯矩。可以写出最后的杆端弯矩 M_{IJ} 的叠加公式

$$M_{IJ} = M_{IJ}^F + M_{IJ}^{\mu} + M_{IJ}^C \tag{7-5}$$

式中，M_{IJ}^{μ} 代表 I 端得到的分配弯矩，M_{IJ}^C 代表 I 端得到的传递弯矩，式中的缺项用零代替仍不失式(7-5)的正确性。

7.2 用力矩分配法计算举例

【例7.1】 两跨连续梁如图7-4(a)所示，试用力矩分配法绘出它的弯矩图和剪力图。

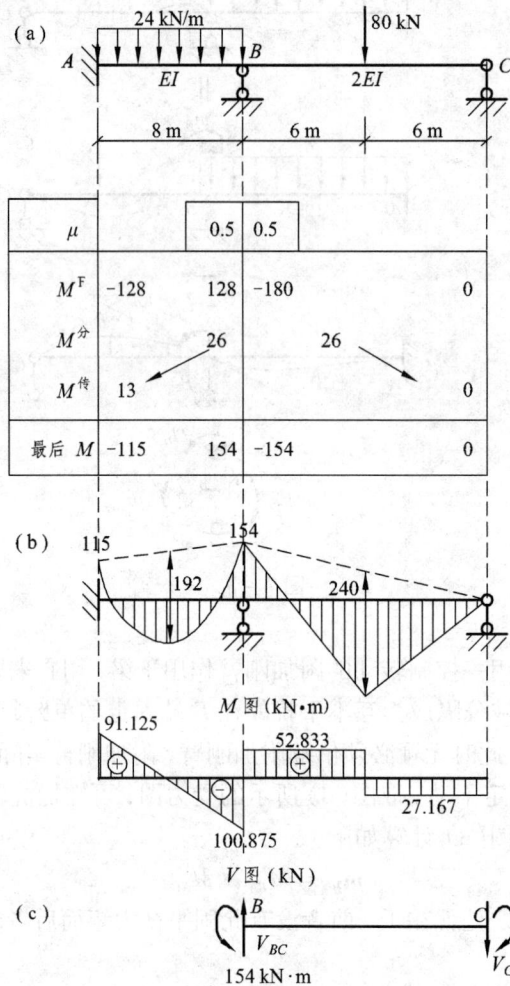

μ		0.5	0.5		
M^F	−128	128	−180		0
$M^{分}$		26	26		
$M^{传}$	13				0
最后 M	−115	154	−154		0

图7-4

解:力矩分配法的主要计算过程,通常要求列在连续梁的下面,如图 7 - 4(a) 的下面所列。其中各栏目内的计算说明如下:

(1)分配系数。

应放松的刚结点只有 B 结点,先求相交于结点 B 的各杆的抗单转弯矩,即转动刚度,按图 7 - 1 可知有

$$S_{BA} = 4\left(\frac{EI}{8}\right) = 0.5EI \qquad S_{BC} = 3\left(\frac{2EI}{12}\right) = 0.5EI$$

于是按式(7 - 2)可得分配系数 μ

$$\mu_{BA} = \frac{S_{BA}}{\sum_A S} = \frac{0.5EI}{0.5EI + 0.5EI} = 0.5$$

$$\mu_{BC} = \frac{S_{BC}}{\sum_A S} = \frac{0.5EI}{0.5EI + 0.5EI} = 0.5$$

(2)固端弯矩 M^F。

用附加刚臂固定刚结点,本例只要固定唯一的刚结点 B,即可查附录表得各杆的固端弯矩

$$M_{AB}^F = -M_{BA}^F = -\frac{ql^2}{12} = -128 \text{ kN} \cdot \text{m}$$

$$M_{BC}^F = -\frac{3ql^2}{16} = -180 \text{ kN} \cdot \text{m}$$

(3)分配弯矩。

先求放松结点 B 的固平衡弯矩

$$m_B = 128 + (-180) = -52 \text{ kN} \cdot \text{m}$$

由式(7 - 2),可得放松 B 结点时的分配弯矩

$$M_{BA}^分 = M_{BA}^\mu = \mu_{BA}(-m_B) = 0.5 \times 52 = 26 \text{ kN} \cdot \text{m}$$
$$M_{BC}^分 = M_{BC}^\mu = \mu_{BC}(-m_B) = 0.5 \times 52 = 26 \text{ kN} \cdot \text{m}$$

(4)传递弯矩。

结点 B 处各杆得分配弯矩后,可分别向杆件的邻端(远端)传递。由式(7 - 4)可得传递弯矩

$$M_{AB}^传 = C_{BA}M_{BA}^\mu = 0.5 \times 26 = 13 \text{ kN} \cdot \text{m}$$
$$M_{BC}^传 = C_{BC}M_{BC}^\mu = 0 \times 26 = 0$$

由于向铰结端传递的传递弯矩总为零,故也可省略向铰结端传递的计算。

(5)叠加求杆端的最后弯矩。

利用式(7 - 5)计算,结果列于最后的一栏。据此,可以绘出连续梁的弯矩图,如图 7 - 4(b) 所示。

(6)各跨梁的剪力计算。

由各跨的受力图,如图 7 - 4(b) 所示,可求出各跨的杆端剪力,剪力图绘于图7 - 4(c),再由结点的受力图可求出连续梁反力。

【例 7.2】 用力矩分配法计算图 7 - 5 所示无结点线位移刚架,绘出弯矩图。EI 为常数。

解：（1）确定刚节点处各杆的分配系数，令$\dfrac{EI}{l} = \dfrac{EI}{4} = 1$。

$$S_{BA} = 3 \times 1 = 3 \qquad S_{BC} = 4 \times 1 = 4 \qquad S_{BD} = 0$$

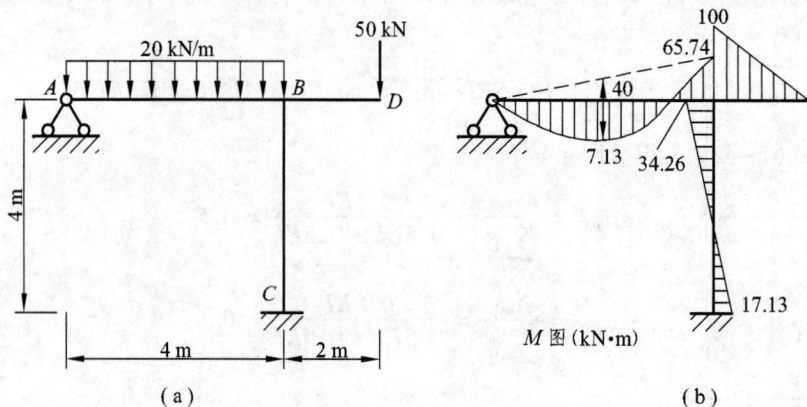

图 7 - 5

$$\mu_{BA} = \frac{3}{3 + 4} = 0.429 \qquad \mu_{BC} = \frac{4}{3 + 4} = 0.571 \qquad \mu_{BD} = 0$$

（2）计算固端弯矩：

$$M_{BA}^F = \frac{ql^2}{8} = \frac{20 \times 4^2}{8} = 40 \text{ kN} \cdot \text{m} \qquad M_{BD}^F = -50 \times 2 = -100 \text{ kN} \cdot \text{m}$$

$$M_{BC}^F = 0$$

（3）力矩分配计算见下表。

	AB	BA	BC	BD		DB
固端弯矩	0	40	0	-100		0
分配系数		0.429	0.571	0		
分配传递计算	0 ←	0 25.74	34.26	0	→ 0	0
最后的变矩	0 =	65.74	34.26	-100		0 =
			CB			
			0			
			17.13			
			17.13			

88

第 8 章 影响线

8.1 移动荷载和影响线的概念

在通常情况下，工程结构除受恒载外，还受到活动荷载的作用，例如移动荷载的作用。移动荷载是指一系列荷载大小、方向以及相互间的距离都不变化，只是作用的位置经常变动的荷载。如桥梁要承受行驶的汽车、火车的荷载；厂房中的吊车梁要承受吊车荷载等。

显然，在移动荷载作用下，结构的反力、内力和挠度(统称量值以字母 S 表示)，都将随荷载位置的移动而变化。在结构设计时，必须求出移动荷载作用下量值(反力、内力等)的最大值。为此，应研究当荷载移动时结构量值的变化范围和变化规律，解决这个问题是较复杂的。因为随着荷载位置的变化，不同截面的各量值(如弯矩、剪力)的变化规律不同，而且同一截面、不同量值的变化规律也是不相同的。如图 8 - 1 所示的简支桥梁，当汽车由 A 向 B 行驶时，反力 R_A 将逐渐减小，而反力 R_B 却逐渐增大。这样在研究梁受移动荷载作用的影响时，一次只宜对一个截面的某个量值进行讨论。为了求出某个量值的最大值，必先确定移动荷载的位置。我们称使结构某个量值产生最大值的移动荷载的位置为荷载的最不利位置。

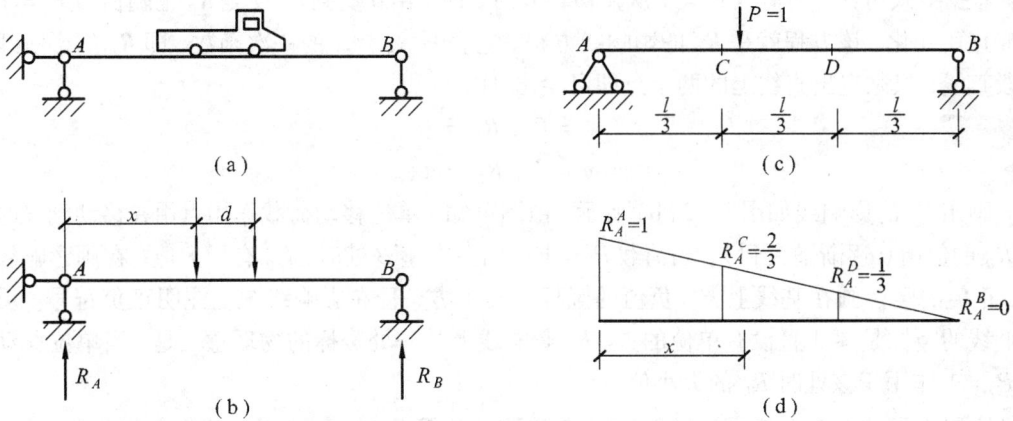

图 8 - 1

在工程实际中，遇到的实际移动荷载类型较多，规格不一，我们无法对每种具体的移动荷载逐个加以研究，而是先研究一个典型的、基本的移动荷载，即竖直向下的单位集中荷载($P = 1$)，研究当它沿着结构移动时对结构某量值的影响，然后依叠加原理，即可解决实际移动荷载对该量值的影响。

为了清晰和直观起见,将结构量值随荷载 $P=1$ 移动而变化的规律用函数图像表示出来,这种图形称为影响线。它的定义是:当一个指向不变(通常竖直向下)的单位集中荷载 $P=1$,沿着结构移动时,表示某指定截面的某个量值变化规律的图形,称为该量值的影响线。如图 8 −1(d)所示是 R_A 当 $P=1$ 在不同位置时不同的值,亦即 R_A 的影响线。影响线是解决结构在移动荷载或其他活载作用下,计算内力的有用工具。本章的重点是,讨论结构量值影响线的绘制方法,进而求出量值的最大值。

8.2 用静力法作单跨静定梁影响线

用静力法作影响线时,先设置坐标系,将荷载 $P=1$ 放到距坐标原点为 x 的地方,视为固定荷载。再根据静力平衡条件,找出所研究的量值与荷载 $P=1$ 所在位置 x 之间的关系。表示这种关系的方程称为量值影响线方程。方程的图像即为量值的影响线。

8.2.1 简支梁的影响线

1. 支座反力的影响线

先讨论绘制图 8 −2(a)所示的简支梁的反力 R_B 的影响线。建立图示坐标系,将荷载 $P=1$ 放在距左支座 A(坐标原点)x 处,由平衡条件 $\sum M_A=0$,并设反力方向以向上为正,则有

$$R_B l - Px = 0$$

得

$$R_B = \frac{x}{l}P = \frac{x}{l}$$

根据上式可知,当荷载 $P=1$ 从 A 移到 B 时,即 x 由 0 变到 l,反力 R_B 也随荷载 $P=1$ 位置变化而变化,该方程就是 R_B 的影响线方程。它表明 R_B 是 x 的一次函数,即 R_B 的影响线为一段直线,只须定出直线上的两个点即可绘出。由

$$x=0 \ , \ R_B=0$$
$$x=l \ , \ R_B=1$$

画出 R_B 的影响线如图 8 −2(b)所示。由图可知,单位移动荷载作用点由 A 移动到 B 时反力 R_B 的值由 0 逐渐增大到 1,当荷载 $P=1$ 作用在支座 B 处时,R_B 有最大值。在画影响线图时,正值的竖标画在基线上方,负值的竖标画在下方,且在影响线图上注明正负符号。反力影响线的竖标是 ≤ 1 且没有单位的数。R_B 影响线上某一处竖标的物理意义是:当单位移动荷载 $P=1$ 作用于该处时 R_B 的大小值。

为了作出简支梁支座 A 的反力 R_A 的影响线,列 $\sum M_B=0$ 的力矩平衡方程

$$P(l-x) - R_A l = 0$$

得

$$R_A = P \times \frac{l-x}{l} = \frac{l-x}{l}$$

上式即为 R_A 的影响线方程。R_A 是 x 的一次函数,其图像仍是一段直线,由

$$x=0, \ R_A=1$$
$$x=l, \ R_A=0$$

可绘出 R_A 的影响线如图 8 −2(c)所示。由图可知,单位移动荷载作用点由 A 移到 B 时,

反力 R_A 的值由 1 逐渐减小到 0，当荷载 $P = 1$ 作用在支座 A 处时，R_A 有最大值 1。

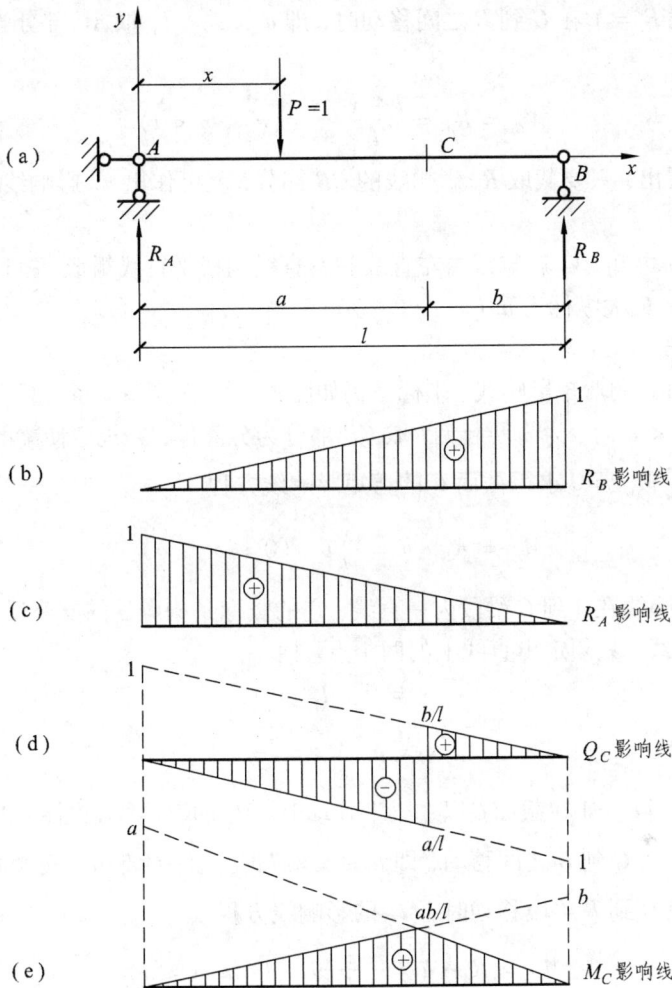

图 8 - 2

2. 剪力影响线

作简支梁截面 C 的剪力影响线，仍建立坐标系如图 8 - 2(a) 所示。先将荷载 $P = 1$ 置于截面 C 的左侧，即 $x \leqslant a$，荷载在 A 到 C 之间移动。用假想截面在 C 处将梁一截为二，为简便起见，取 CB 部分为分离体，取 CB 部分的原因是此时分离体上不出现移动力 $P = 1$，但 $P = 1$ 移动产生的影响又能通过 R_B 的变化体现出来，按工程力学的规定，使分离体顺时针转动趋势的剪力为正。由 $\sum Y = 0$ 得

$$V_C = -R_B = -\frac{x}{l} \qquad (0 < x < a)$$

上式是 $P = 1$ 在 A 到 C 间移动时，V_C 随荷载位置 x 变化而变化的函数关系式，即 V_C 的影响线方程。由方程知，在截面 C 以左梁段，V_C 影响线的竖标与反力 R_B 影响线竖标数值相同，符号相反。故在右支座 B 处取 $P = 1$ 的竖标定一个点，将该点与左支座处的零点相连，并由截

面 C 引竖直线与之相交，取 AC 段对应的部分，就得到 V_C 与 $P = 1$ 各瞬时移动位置相对应的影响线的左直线，如图 8 – 2(d) 所示的左段。

同理，当荷载 $P = 1$ 在 C 到 B 之间移动时，即 $a < x < l$，取 AC 部分为分离体，可得 V_C 的影响线方程

$$V_C = R_A = \frac{l - x}{l} \qquad (a < x < l)$$

由方程可以看出，只要截取 R_A 影响线的 CB 部分，就可作出 V_C 影响线的右直线。如图 8 – 2(d) 所示的右段。

由图 8 – 2(d) 可知，V_C 影响线由左直线和右直线两根平行线组成。按比例可求得正的最大纵标为 b/l，负的最大纵标为 a/l。

3. 弯矩影响线

作简支梁截面 C 的弯矩影响线。坐标系仍如图 8 – 2(a) 不变。当荷载 $P = 1$ 在 A 到 C 之间移动，即 $0 < x < a$ 时，为简便起见，取 CB 部分为分离体，并规定使梁的下部纤维受拉时的弯矩为正，由 $\sum M_C = 0$ 求得截面 C 的弯矩影响线方程

$$M_C = R_B \cdot b = \frac{x}{l} b \quad (0 \leqslant x \leqslant a)$$

可知 M_C 的影响线在 A 到 C 梁段为一直线，它的竖标是相应处的支座反力 R_B 影响线竖标的 b 倍。为画该直线，只须定出直线上的两个点。由

$$x = 0, M_C = 0$$

$$x = a, M_C = \frac{ab}{l}$$

于是可绘出，当 $P = 1$ 在截面 C 以左梁上移动时，M_C 的影响线如图 8 – 2(e) 所示的左段。

当荷载 $P = 1$ 在 C 到 B 之间移动，即 $a \leqslant x \leqslant l$ 时，取 AC 部分为分离体，由 $\sum M_C = 0$ 求得荷载 $P = 1$ 在 C 到 B 梁段移动时，M_C 的影响线方程

$$M_C = R_A \cdot a = \frac{l - x}{l} a \quad (a \leqslant x \leqslant l)$$

可知 M_C 影响线在 C 到 B 梁段也为一直线，只须定出直线上两个点，由

$$x = a, M_C = \frac{ab}{l}$$

$$x = l, M_C = 0$$

于是可作出，当 $P = 1$ 在截面 C 以右梁段移动时，M_C 的影响线如图 8 – 2(e) 所示的右段。

由图可知，弯矩影响线也是由左、右两段直线组成的。在画弯矩影响线时，正的竖标画在基线上方，负的竖标画在下方，竖标的单位为 m。

8.2.2　外伸梁的影响线

1. 反力的影响线

要作图 8 – 3(a) 所示外伸梁 A、B 支座反力的影响线。选 A 为坐标原点，x 轴水平向右为正，设单位荷载 $P = 1$ 作用点到 A 的距离为 x。由平衡方程可求得两支座反力的影响线方程，它与简支梁支座反力的影响线方程相同，即

$$\begin{cases} R_A = \dfrac{l-x}{l} \\[2mm] R_B = \dfrac{x}{l} \end{cases} \qquad (-e \leqslant x \leqslant l+d)$$

所不同的只是外伸梁上单位荷载 $P=1$ 的移动范围比简支梁的要大，即自变量 x 的变化范围由 $-e$ 到 $l+d$。因此，外伸梁反力影响线可由简支梁相应反力影响线向两外伸部分延伸而得到。如图 8 – 3(b)、(c) 所示。

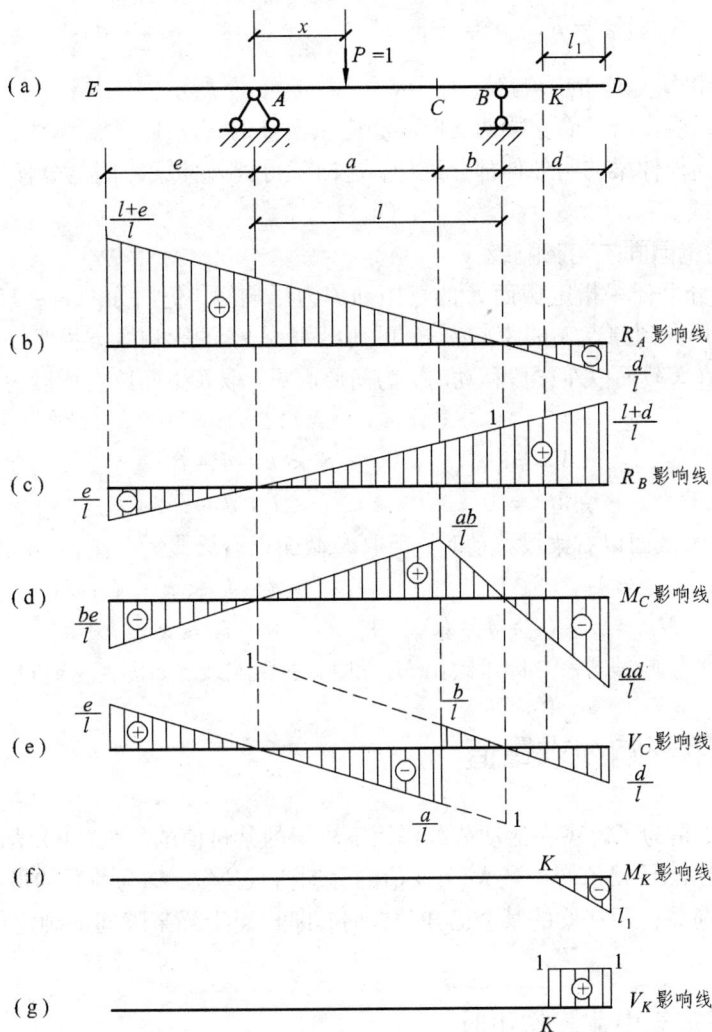

图 8 – 3

2. 跨中部分的截面内力影响线

为作出两支座间的截面 C 的弯矩和剪力影响线，先设法找出弯矩 M_C、剪力 V_C 与支座反力的关系式，然后求出它们的影响线方程。

当 $P=1$ 在 EAC 梁段移动时，为简便起见，取截面 C 以右梁段为分离体，由平衡条件求

得

$$V_C = -R_B = -\frac{x}{l} \qquad (-e < x < a)$$

$$M_C = R_B \cdot b = \frac{x}{l} b \qquad (-e \leqslant x \leqslant a)$$

当 $P = 1$ 在 CBD 梁段移动时，取截面 C 左段为分离体，由平衡条件求得

$$V_C = R_A = \frac{l - x}{l} \qquad (a < x < l + d)$$

$$M_C = R_A \cdot a = \frac{l - x}{l} a \qquad (a < x \leqslant l + d)$$

依此，可绘出 M_C、V_C 的影响线，如图 8 - 3(d)、(e) 所示。

由图可知，只要作出了简支梁两支座间相应截面 C 的 M_C、V_C 的影响线，然后，将它们的左、右直线分别向外伸梁的两外伸部分延伸，这样就得到外伸梁跨间部分任一指定截面的弯矩和剪力的影响线。

3. 外伸部分的截面内力影响线

为求外伸部分上任一指定截面 K 的弯矩和剪力影响线，仍用如图 8 - 3(a) 所示的坐标系，设 $P = 1$ 作用点到原点 A 的距离为 x，可列出 M_K、V_K 的影响线方程。

设当 $P = 1$ 在 K 截面以左梁段移动时，为简便起见，取 K 截面以右梁段为分离体，由平衡条件可得

$$V_K = 0 \qquad (-e < x < l + d - l_1)$$

$$M_K = 0 \qquad (-e \leqslant x \leqslant l + d - l_1)$$

当 $P = 1$ 在 K 截面以右梁段移动时，仍取 K 截面以右梁段为分离体，由平衡条件可得

$$V_K = 1 \qquad (l + d - l_1 < x < l + d)$$

$$M_K = x - (l + d - l_1) \qquad (l + d - l_1 \leqslant x \leqslant l + d)$$

根据各梁段的影响线方程，即可绘出 M_K 和 V_K 的影响线，如图 8 - 3(f)、(g) 所示。

8.3 利用影响线求量值

绘制影响线，是为了解决在活动荷载作用下求梁的某量值的最大(小)值问题，作为设计梁(或结构)的依据。使量值产生最大(小)值的移动荷载位置，称为荷载的最不利位置。本节讨论实际的移动荷载作用在梁的某个已知位置时，即相当于梁某瞬间的确定位置，如何利用影响线求量值。

8.3.1 固定集中荷载作用时

1. 一个集中荷载 P 作用的情况

讨论图 8 - 4(a) 所示简示梁，在 D 点处受到一个集中荷载 P 作用时，利用影响线求出截面 C 的剪力。先画出 V_C 影响线如图 8 - 4(b) 所示，由影响线的定义可知，影响线图上与梁上 D 截面对应处的竖标 y_1，表示单位荷载($P = 1$)作用在 D 点处 C 截面的剪力。现在梁上 D 处作用的不是单位荷载，而是大小为 P 的力，故由叠加原理求得 $V_C = P \cdot y_1$。

同样，利用影响线求截面 C 的弯矩。先画 M_C 的影响线如图 8 - 4(c) 所示，计算 P 作用点

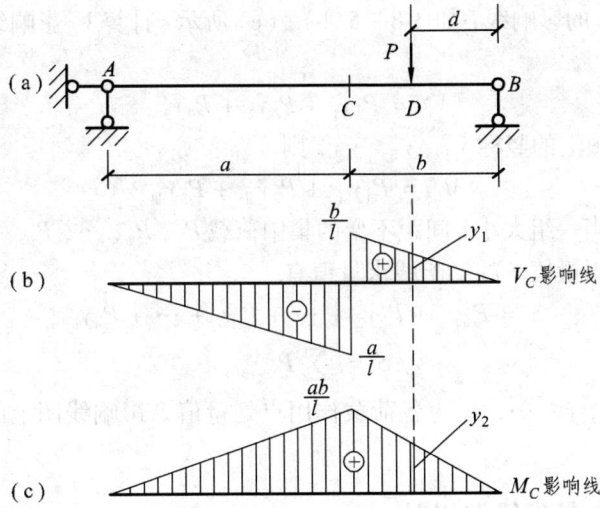

图 8 – 4

处 M_C 影响线图上的竖标 y_2，由叠加原理求得

$$M_C = P \cdot y_2$$

2. 一组集中荷载作用的情况

讨论图 8 – 5(a) 所示外伸梁，受一组固定集中荷载 P_1、P_2、P_3 作用，利用影响线求 V_C、M_C 的值。

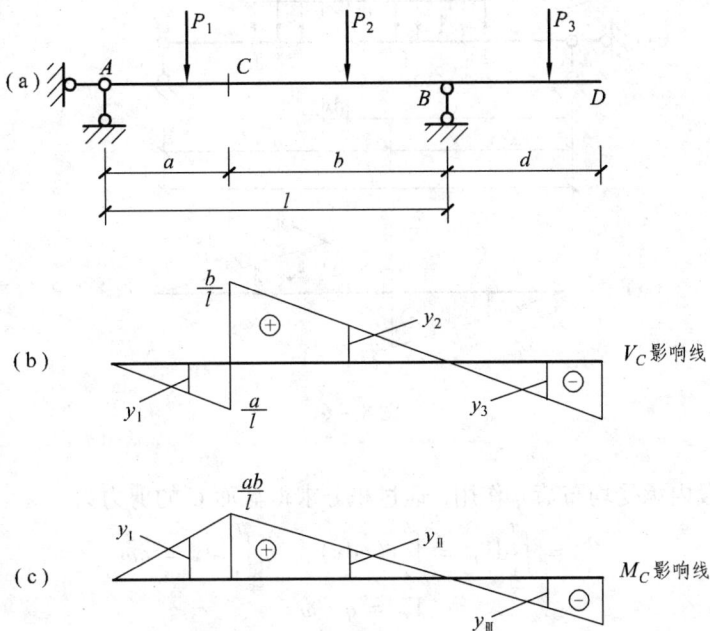

图 8 – 5

分别画出 V_C、M_C 的影响线，如图 8 – 5(b)、(c) 所示。计算 V_C 影响线图上的竖标 y_1、y_2、y_3，则

$$V_C = P_1 y_1 + P_2 y_2 + P_3 y_3$$

计算 M_C 影响线图上的竖标 y_I、y_{II}、y_{III}，则

$$M_C = P_1 y_I + P_2 y_{II} + P_3 y_{III}$$

由此可以推出，当一组大小、间距不变的集中荷载 P_1，P_2，$\cdots$，P_i，$\cdots$，P_n 作用在结构的某个已知位置时，利用量值 S 的影响线求量值有

$$S = P_1 y_1 + P_2 y_2 + \cdots + P_i y_i + \cdots + P_n y_n$$

得

$$S = \sum P_i \cdot y_i \tag{8 – 1}$$

式中，y_1，y_2，$\cdots$，y_i，$\cdots$，y_n 为各荷载作用点处量值 S 影响线图上的竖标。它可以是正的，也可以是负的。

8.3.2　固定分布荷载作用时

图 8 – 6(a) 所示简支梁，在 AB 段承受均布荷载 q 作用。现讨论利用影响线，求此均布荷载作用时 C 截面的剪力 V_C。先画 V_C 影响线如图 8 – 6(b) 所示，距 O 点 x 处取微段 dx，计算该微段上的力，视为集中荷载 $dP = qdx$。$dx \rightarrow 0$ 时，它所对应的 V_C 影响线图上竖标为 y，则微段在集中荷载 qdx 作用下截面 C 的剪力为

$$dV_C = qdx \cdot y$$

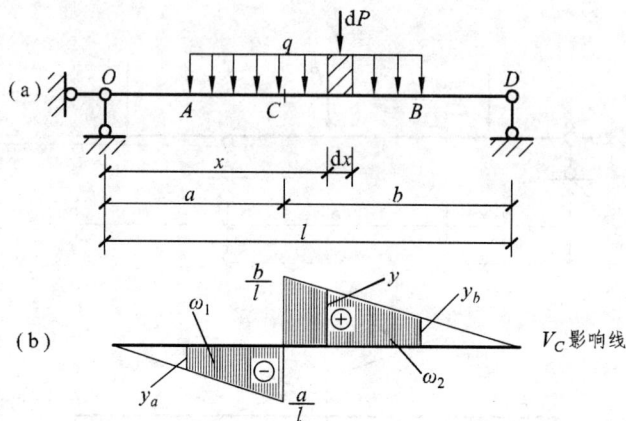

图 8 – 6

故在 AB 区段内承受均布荷 q 作用，通过积分求得截面 C 的剪力为

$$V_C = \int_A^B dV_C = \int_A^B y(qdx) = q \int_A^B ydx = q\omega$$

得

$$V_C = q \cdot \omega \tag{8 – 2}$$

式中，ω 表示影响线在荷载分布范围内的面积。式(8 – 2) 对于任一量值 S 都成立，故写成一般形式为

$$S = q \cdot \omega \tag{8 – 3}$$

上式表明，均布荷载引起的量值 S 的值，等于均布荷载集度乘以荷载分布范围内的影响线面积。但应注意，在计算面积 ω 时，要考虑影响线的正、负符号。例如对于图 8 - 6(b) 所示的情况，应有

$$\omega = \omega_2 - \omega_1$$

【例 8.1】 试利用影响线，求图 8 - 7(a) 所示简支梁 V_C 的值。

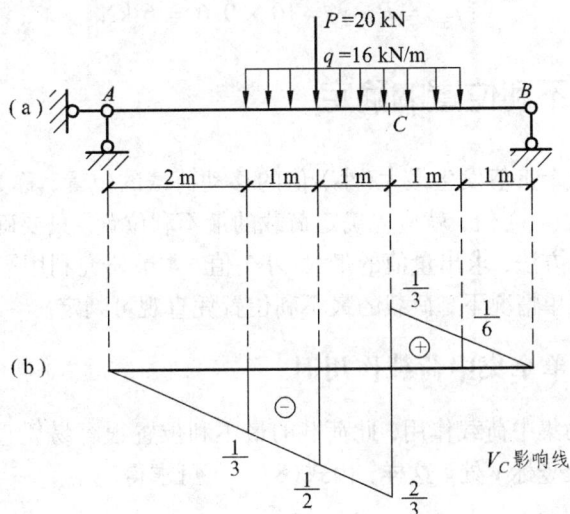

图 8 - 7

解： (1) 画 V_C 影响线如图 8 - 7(b) 所示。

(2) 计算 P 作用点处及 q 作用范围内对应的影响线图上的竖标值，标注在图 8 - 7(b) 上。

(3) 依叠加原理，由式(8 - 1)、式(8 - 3) 得

$$V_C = Py + q\omega$$

$$= 20 \times \left(-\frac{1}{2} \right) + 16 \left[\frac{1}{2} \times \left(\frac{1}{3} + \frac{1}{6} \right) \times 1 - \frac{1}{2} \times \left(\frac{1}{3} + \frac{2}{3} \right) \times 2 \right]$$

$$= -10 + 16 \times \left(\frac{1}{4} - 1 \right) = -22 \text{ kN}$$

【例 8.2】 试利用影响线，求图 8 - 8(a) 所示简支梁 C 截面弯矩 M_C 和 $V_{C左}$ 的值。

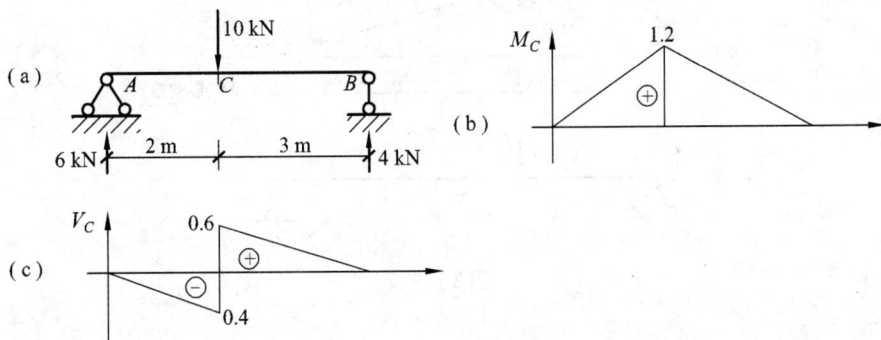

图 8 - 8

解：(1) 求 M_C。

作 M_C 影响线如图所示，则：

$$M_C = P \cdot y = 10 \times 1.2 = 12 \text{ kN} \cdot \text{m}$$

(2) 求 $V_{C左}$。

作 V_C 影响线如图所示，则：

$$V_{C左} = P \cdot y = 10 \times 0.6 = 6 \text{ kN}$$

8.4　荷载最不利位置的确定

前面已指出，使某个量值发生最大(小)值的移动荷载的位置，称为荷载的最不利位置。因此要求量值 S 的最大(小)值，就应先确定荷载的最不利位置。只要确定了移动荷载的最不利位置，就可用上节的方法，求出量值的最大(小)值。本节研究利用影响线确定移动荷载最不利位置的问题。在简单情况下，荷载的最不利位置凭直观可判定。

8.4.1　活载是单个集中荷载作用时

若梁只受一个移动集中荷载作用，此荷载的最不利位置很容易凭直观判定，就是将力 P 置于量值影响线的最大竖标 y 处。这样，由式(8 – 1)可求得

$$S_{\max} = P \cdot y$$

如图 8 – 9(a)所示，当移动荷载 P 作用于梁上 C 处，便得到荷载的最不利位置，如图 8 – 9(c)所示，得 $M_{C(\max)} = P \times h$。当移动荷载 P 作用于梁上 A 或 B 处，便是使截面 C 有最小弯矩时的荷载最不利位置，且有

$$M_{C(\min)} = P \times 0 = 0$$

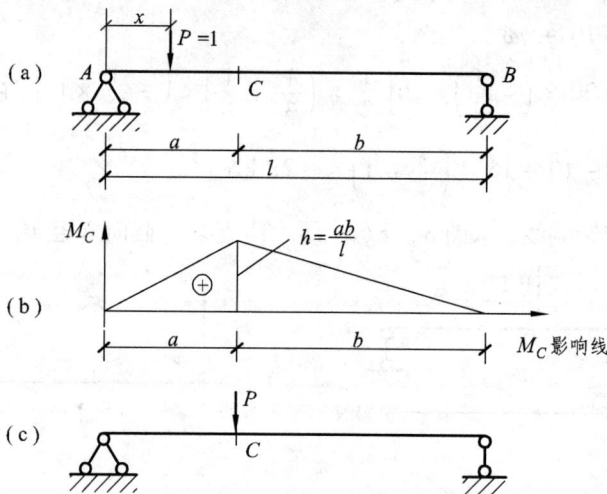

图 8 – 9

总之，无论是求内力的最大或最小值，集中移动荷载的最不利位置，都必须使此集中荷

载作用在影响线的一个顶点上，此时的 P 称为临界荷载 P_K，其位置称为临界位置。写成判别式有

$$
\left.
\begin{aligned}
\frac{P_K}{a} &> \frac{0}{b} \\
\frac{0}{a} &< \frac{P_K}{b}
\end{aligned}
\right\}
\tag{a}
$$

8.4.2 梁受一组长为 d 的移动分布荷载作用时

当一组固定长度移动分布荷载跨过三角形影响线的顶点时，如图 8–10(b) 所示，其移动均布荷载的临界位置为 C 截面右边分得 x 长度，左边分得 $d-x$。

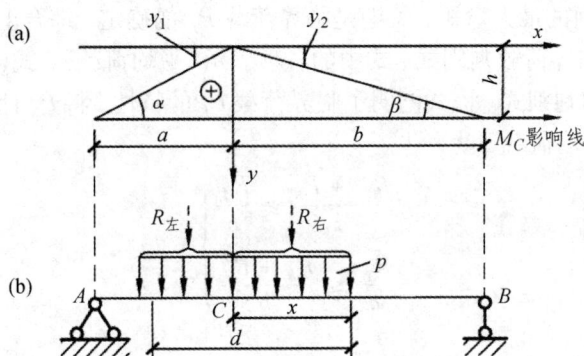

图 8–10

此时：

$$R_左 = p(d-x)$$

$$R_右 = p \cdot x$$

$$\tan\alpha = \frac{h}{a}$$

$$\tan\beta = \frac{h}{b}$$

$$
\begin{aligned}
M_C &= R_左(h-y_1) + R_右(h-y_2) \\
&= (R_左 + R_右)h - R_左 y_1 - R_右 y_2 \\
&= p \cdot d \cdot h - p(d-x)y_1 - pxy_2
\end{aligned}
$$

由图知

$$y_1 = \frac{d-x}{2} \cdot \tan\alpha$$

$$y_2 = \frac{x}{2} \cdot \tan\alpha$$

若 C 截面有极值，则

$$
\frac{\mathrm{d}M_C}{\mathrm{d}x} = \frac{\mathrm{d}}{\mathrm{d}x}[p \cdot d \cdot h - p(d-x)y_1 - pxy_2] = \frac{\mathrm{d}}{\mathrm{d}x}\left[-p(d-x)\frac{d-x}{2}\tan\alpha - px \times \frac{x}{2}\tan\beta\right]
$$

$$
= p(d-x)\frac{h}{a} - px\frac{h}{b} = \frac{p(d-x)}{a}h - \frac{px}{b}h = 0
$$

整理得

$$\frac{R_{左}}{a} = \frac{R_{右}}{b}$$ （b）

此即移动荷载为分布荷载时的临界位置判别式。

8.4.3　梁受一组移动集中荷载作用时

由上述可知，移动荷载位于最不利位置时，一定有一个集中荷载位于影响线顶点处。图 8 – 11（a）所示简支梁，受一组移动集中荷载作用，如汽车、火车荷载等。该组移动集中荷载的特点是：每个荷载的大小、彼此的间距是不变的。画出了梁 M_C 影响线为三角形，如图 8 – 11（a）所示。现在讨论使 M 发生最大值的荷载的最不利位置。假定在一组移动集中荷载中，有某个集中荷载位于 C 处，使 M_C 有极大值，则称此荷载叫临界荷载 P_K，对应的荷载位置叫临界位置。要求得某截面的最大弯矩，关键是临界荷载 P_K 的确定。综合上述一、二种情况中的（a）式和（b）式，得临界荷载判别式。式中的各项表示"平均荷载"，式（8 – 4）是三角形影响线确定临界荷载 P_K 的判别式。该式阐明了临界荷载 P_K 的特性，将 P_K 计入影响线顶点的哪一边，则哪一边上的"平均荷载"就大些。

$$\left.\begin{array}{l} \dfrac{R_{左} + P_K}{a} \geqslant \dfrac{R_{右}}{b} \\[3mm] \dfrac{R_{左}}{a} \leqslant \dfrac{P_K + R_{右}}{b} \end{array}\right\}$$ （8 – 4）

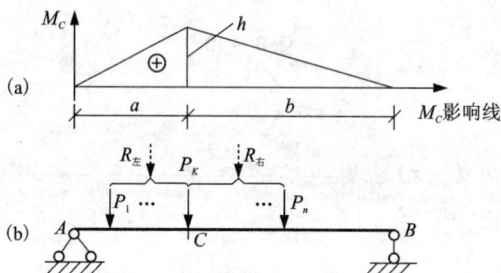

图 8 – 11

$$\left\{\begin{array}{l} \dfrac{左边的荷载}{左边的长度 a} = 左边的平均荷载 \\[3mm] \dfrac{右边的荷载}{右边的长度 b} = 右边的平均荷载 \end{array}\right.$$

在一般情况下，荷载的临界位置可能不止一个，这就须将与各临界位置相应的 M 值都求出，从中选取最大值，而其相应的荷载位置即为荷载最不利位置。随着移动集中荷载数目增多，试算的工作量增大。但由于荷载的临界位置总是发生在数值大、排列密的荷载位于影响线竖标较大的处所，这样可以通过观察、判断，减少试算次数。

【例 8.3】 试求图 8 – 12（a）所示简支梁在图示吊车荷载作用下截面 K 的最大弯矩。

解：（1）作 M_K 的影响线，如图 8 – 12（b）所示。

（2）确定荷载的临界位置。

设 P_1 位于影响线顶点，如图 8 - 12(c) 所示，用式(8 - 4) 验算。

首先考虑移动荷载向左移

$$\frac{152}{3} > \frac{152 \times 3}{12}$$

再考虑移动荷载向右移

$$\frac{0}{3} < \frac{152 + 152 \times 3}{12}$$

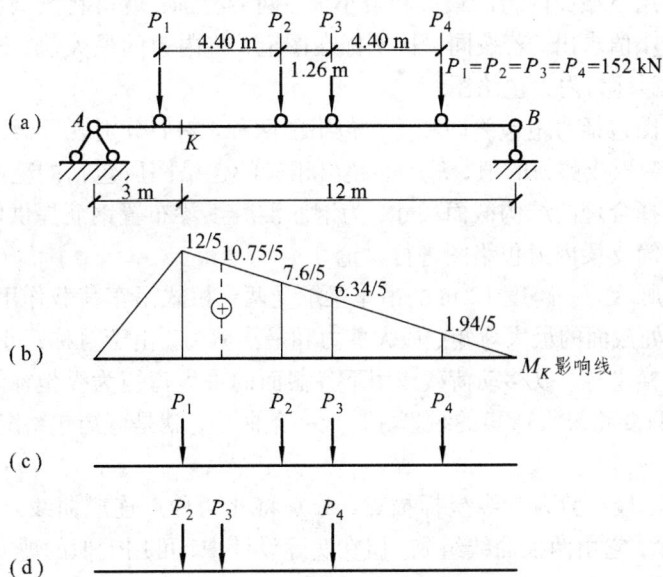

图 8 - 12

图 8 - 12(c) 所示为临界荷载位置，并按相似三角形之比计算出相应的 y 值。

(3) 计算相应的 M_K 值为

$$M_K = 152 \times \left(\frac{12}{5} + \frac{7.5}{5} + \frac{6.34}{5} + \frac{1.94}{5} \right) = 844.51 \ \text{kN} \cdot \text{m}$$

(4) 设 P_2 位于影响线顶点，如图 8 - 12(d) 所示。此时，P_1 已不作用在梁上，用式(8 - 4) 验算

$$\begin{cases} \dfrac{152}{3} > \dfrac{152 \times 2}{12} \\ \dfrac{0}{3} < \dfrac{152 + 152 \times 2}{12} \end{cases}$$

故图 8 - 12(d) 所示也为荷载的临界位置，相应的 M_K 值为：

$$M_K = 152 \times \left(\frac{12}{5} + \frac{10.74}{5} + \frac{6.34}{5} \right) = 884.03 \ \text{kN} \cdot \text{m}$$

经过比较，知图 8 - 12(d) 所示为荷载的最不利位置，此时截面 K 的最大弯矩为 884.03 kN · m。

8.5 简支梁的内力包络图和绝对最大弯矩

8.5.1 简支梁的内力包络图

工程中的梁一般要承受恒载和活载共同作用。为进行梁的设计和验算，必须求出结构各截面内力的最大和最小值。用工程力学的方法可求出在恒载作用下的内力；8.4 节介绍的方法可求出在活载作用下截面内力的最大和最小值。两者叠加，就可将结构各截面上的、同种内力的最大值和最小值求出。若按同一比例标在图上，将内力的最大值、最小值分别连成两条曲线，则所得图形称为内力包络图。

梁的内力包络图包括弯矩包络图和剪力包络图两种。它们分别表示梁在随恒载和活荷载作用时，各截面上弯矩或剪力的值，都不会超出相应的包络图所包括的范围。包络图在结构设计中经常用来选择合理的结构截面尺寸，为钢筋混凝土梁布置钢筋提供依据。下面只对在移动荷载作用下的简支梁内力包络图进行讨论。

图 8 – 13（a）所示为一跨度 12 m 的吊车梁承受两台桥式吊车荷载作用，将梁分成 10 等份，求出各等份点处截面的最大弯矩、最大剪力和最小剪力。由于对称，可只计算半跨截面。以横截面的位置为横坐标，以移动荷载作用下各截面的最大弯矩为纵坐标。因最小弯矩均为零，可省去计算，只要将最大弯矩的纵坐标连成一条曲线，就是弯矩包络图，如图 8 – 13（b）所示。

再以最大剪力、最小剪力为纵坐标描点，分别将此两种点连成曲线，就是剪力包络图，如图 8 – 13（c）所示，它由两根曲线组成。但在实际设计中，可用近似的剪力包络图，如图 8 – 13（d）所示，来代替如图 8 – 13（c）所示的包络图，这种代替偏于安全。

必须指出，上述的内力包络图，仅考虑了移动荷载作用。在设计时还应该将恒载作用下相应的内力图叠加进去。

8.5.2 渐近法计算绝对最大弯矩

梁的弯矩包络图给出了各截面可能出现的最大弯矩，这些最大弯矩中的最大值，就是绝对最大弯矩。绝对最大弯矩无疑是结构分析的重要依据，有了包络图，就可以直观地判断最大内力的分布情况。从图 8 – 13 可以看出，该吊车梁的绝对最大弯矩不在梁中点截面，而是在靠近中点截面处。

绝对最大弯矩的求得可以采用渐近法，即在按等分截面求完后，再选择左段或右段中，其两个较大值截面的中间截面再计算，如在图 8 – 13 中左段梁 4 分点与 5 分点的中间截面，设为绝对最大弯矩发生的截面，发生绝对最大弯矩截面设定了，就可按求指定截面最大弯矩值的方法求得其弯矩值，该值逐渐逼近绝对最大弯矩，依此多次，即可得绝对最大弯矩值，实际计算有两次便可以了。在实际工程中，甚至有时为了计算简便，近似取梁中点截面的最大弯矩作为绝对最大弯矩。

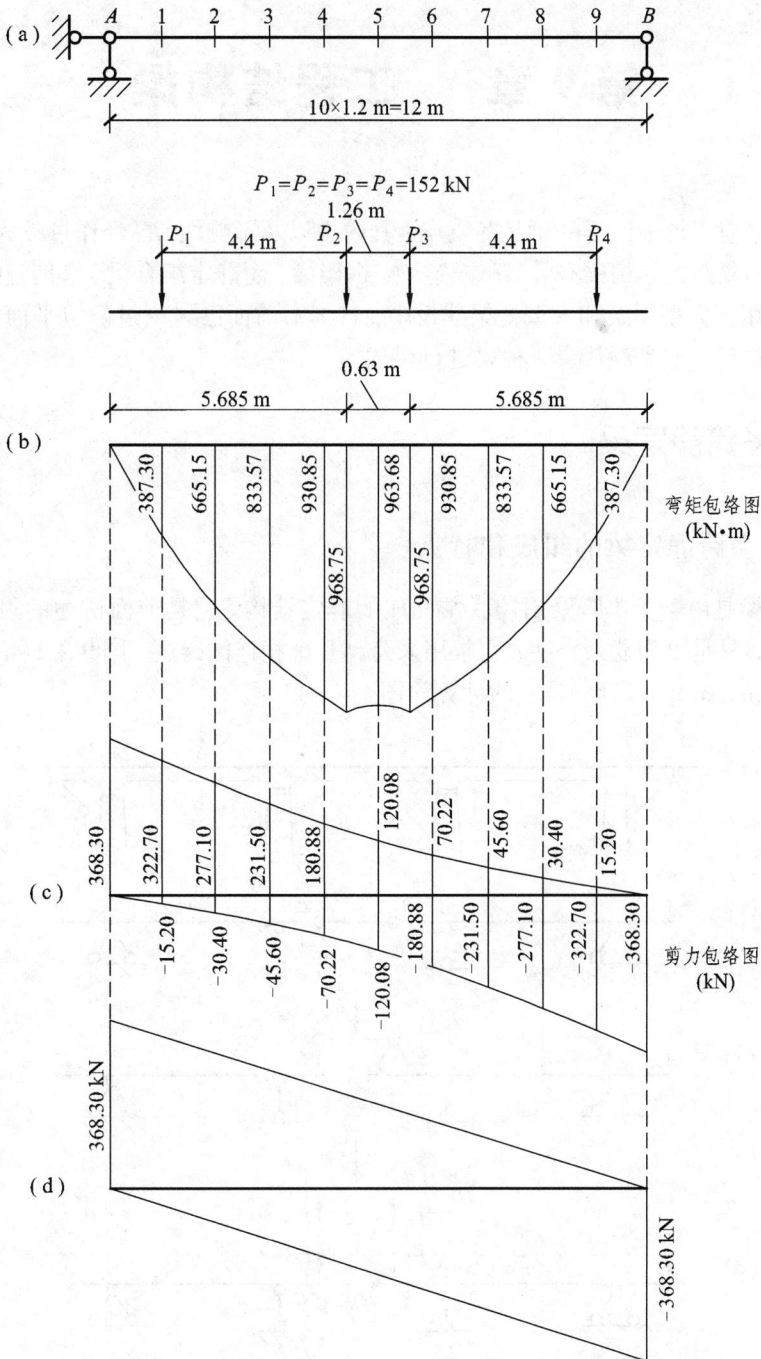

（a）

$10 \times 1.2 \text{ m} = 12 \text{ m}$

$P_1 = P_2 = P_3 = P_4 = 152 \text{ kN}$

1.26 m

P_1　4.4 m　P_2　P_3　4.4 m　P_4

5.685 m　0.63 m　5.685 m

（b）

387.30　665.15　833.57　930.85　963.68　930.85　833.57　665.15　387.30

968.75　968.75

弯矩包络图
(kN·m)

（c）

368.30

322.70　277.10　231.50　180.88　120.08　70.22　45.60　30.40　15.20

−15.20　−30.40　−45.60　−70.22　−120.08　−180.88　−231.50　−277.10　−322.70　−368.30

剪力包络图
(kN)

（d）

368.30 kN

−368.30 kN

图 8 − 13

第9章   工程结构梁

在工程上，应用得最广泛的梁是简支梁，其内力以及影响线，已经作过较为详尽的讲述。此外，应用较为复杂的结构梁有：多跨静定梁、桁架梁、超静定组合梁、多跨连续梁等。其中桁架梁主要应用于大型屋架和大型桥梁建设中，且本书前面已讨论过静定平面桁架，对超静定桁架梁不作讨论，主要对其余3种梁进行讲述。

9.1   多跨静定梁

9.1.1   多跨静定梁的组成和特点

多跨静定梁是由若干单跨梁用铰联结而成的静定结构。它是前面讲述的附基梁的发展，原理是一样的，只是更为复杂一些；它常用来跨越几个相连的跨度。图 9 - 1(a) 所示为一多跨静定梁公路桥，图 9 - 1(b) 是它的计算简图。

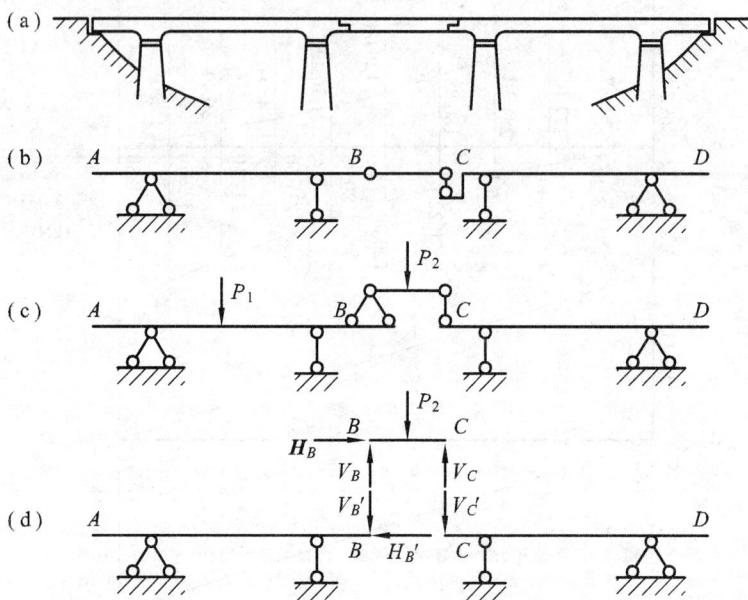

图 9 - 1

结构中凡本身能独立维持几何不变的部分称为基本部分。需要依靠其他部分的支承才能保持几何不变的部分称为附属部分。从几何组成上看，多跨静定梁的特点是组成整个结构的各单跨梁可以分为基本部分和附属部分两类。例如图 9 - 1 所示的多跨静定梁，AB 和 CD 都由

104

三根支座链杆固定于基础,它们不依赖其他部分就能独立维持自身的几何不变性,所以是基本部分;而 BC 支承于基本部分之上,它必须依靠基本部分才能保持几何不变性,所以是附属部分。为了清楚地表明多跨静定梁各部分之间的支承关系,我们常把基本部分画在下层,附属部分画在上层,如图 9－1(c) 所示,这样的图称为层叠图。

从传力关系来看,多跨静定梁的特点是:作用在附属部分的荷载,能使附属部分及其相关的基本部分产生支座反力和内力;而作用于基本部分的荷载,只能使基本部分产生反力和内力,附属部分不受力[图 9－1(d)]。

在实际应用中,多跨静定梁有图 9－2(a) 和图 9－3(a) 两种基本形式。图 9－2(a) 所示形式的特点是外伸梁和支承于其上的悬跨交替排列。其中除最左边的一跨外伸梁外,其余各外伸梁虽然只有两根支座链杆与基础相连,但两根支座链杆都是竖向的,在竖向荷载作用下能独立维持平衡,所以在竖向荷载作用下各外伸梁均可作为基本部分;各悬跨则为附属部分。其层叠图如图 9－2(b) 所示。图 9－3(a) 所示形式的特点是全梁为多个一端外伸梁联结而成,后一梁的一端支承于前一梁的伸臂上。其中除左边第一跨为基本部分外,其余各跨均分别为其左边部分的附属部分。其层叠图如图 9－3(b) 所示。

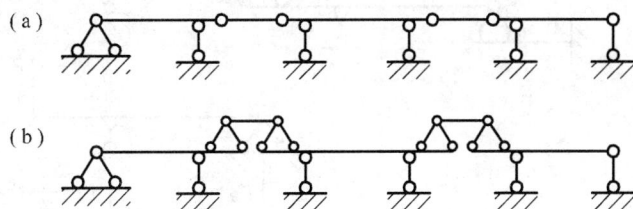

图 9－2

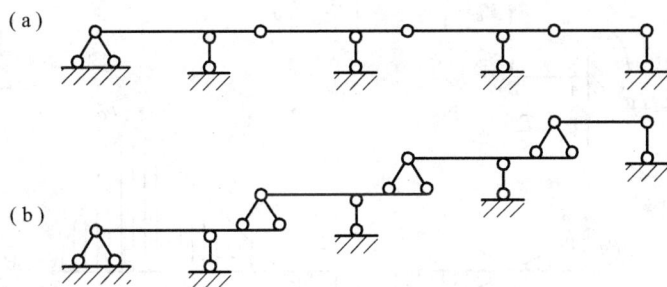

图 9－3

除了上述两种基本形式,多跨静定梁尚有其他各种混合型。

9.1.2 多跨静定梁的内力图

根据附属部分和基本部分的传力关系知,多跨静定梁的计算顺序应该是先附属部分,后基本部分。这样可以顺利地依次求出各铰结点处的约束反力和各支座反力,不必解联立方程。而每取一部分为隔离体进行计算时[图 9－1(d)],都和单跨梁的情况无异,故其反力计算和内力图的绘制均无困难。

下面是计算多跨静定梁和绘制其内力图的一般步骤：

（1）分析各部分的固定次序，弄清哪些是基本部分，哪些是附属部分；按照与固定次序相反的顺序，将多跨静定梁拆成单跨梁。

（2）遵循先附属部分后基本部分的原则，对各单跨梁逐一进行反力和内力计算，在计算基本部分时应注意不要遗漏由它的附属部分传来的作用力。

（3）分别作出各单跨梁的内力图，并将它们拼合在同一水平基线上，即得整个多跨静定梁的内力图。

【例 9.1】试作图 9 - 4(a) 所示多跨静定梁的内力图。

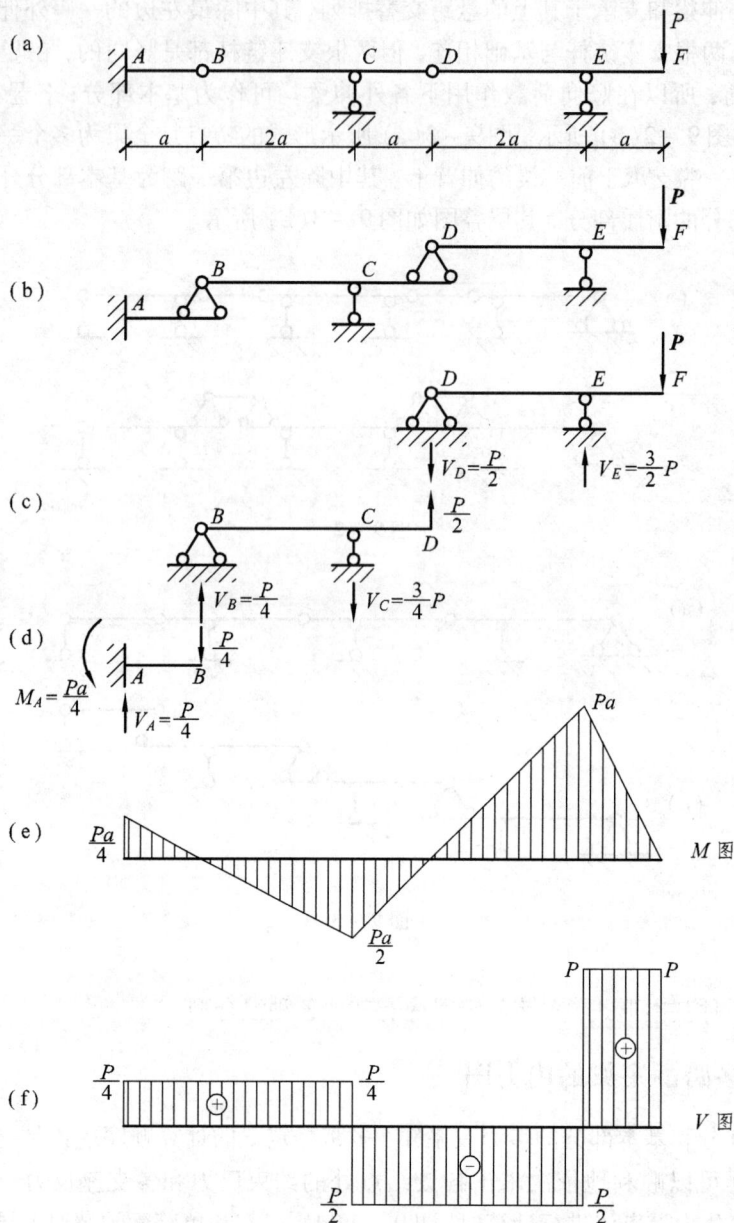

图 9 - 4

106

解：此梁的固定次序为先 AB，再 BD，最后 DF。其中 AB 为基本部分，其余两跨都分别是它左边部分的附属部分。表示它们之间支承关系的层次图如图 9 – 4(b) 所示，是一个无多余约束的几何不变体系。

计算时先按与固定次序相反的顺序，将多跨静定梁拆成单跨梁。如图 9 – 4(c) 所示。

(1) 计算约束反力和支座反力。

计算附属部分 DF 部分。由 $\sum M_E = 0$，$\sum M_D = 0$ 得 $V_D = \dfrac{P}{2}$，$V_E = \dfrac{3}{2}P$，指向如图所示。铰 D 的约束反力 V_D 求出后，反其指向就是梁 BD 的荷载。

再计算附属部分 BD。由 $\sum M_C = 0$，$\sum M_B = 0$，得 $V_B = \dfrac{P}{4}$，$V_C = \dfrac{3}{4}P$，指向如图所示。铰 B 的约束反力 V_B 求出后，反其指向就是梁 AB 的荷载。

最后计算基本部分 AB。由 $\sum Y = 0$，$\sum M_A = 0$ 得 $V_A = \dfrac{P}{4}$，$M_A = \dfrac{1}{4}Pa$，指向如图所示。

支座反力全部求出后，可利用多跨静定梁的整体平衡条件检验其正确性。

(2) 绘制内力图。

分别作出外伸梁 DF、BD 和悬臂梁 AB 的弯矩图、剪力图，并将它们拼合在同一水平基线上，便得如图 9 – 4(d)、(e) 所示的多跨静定梁内力图。

由本例可见，多跨静定梁的弯矩图必通过中间铰的中心。实际上，由于铰结点只能传递轴力和剪力，不能传递弯矩，所以以中间铰处弯矩一定为零。

【例 9.2】图 9 – 5(a) 所示三跨静定梁，全长承受均布荷载 q，试问铰 E 和 F 的位置在何处时，正好使中间跨的支座负弯矩和跨中正弯矩数值相等。

解：以 x 表示铰 E 距 B 点的距离和铰 F 距 C 点的距离[图 9 – 5(a)]。先计算附属部分 AE 和 FD，其反力和弯矩图如图 9 – 5(b) 所示。再计算基本部分 EF，此时须将附属部分在铰 E 和铰 F 处的约束反力反向作为荷载加在 EF 上。

中间跨支座弯矩的绝对值为

$$M_B = M_C = \frac{q(l-x)x}{2} + \frac{qx^2}{2}$$

根据题意，$M_B = M_C = M_2$；且按叠加法作图知

$$M_B + M_2 = \frac{1}{8}ql^2$$

故有

$$M_B = \frac{1}{16}ql^2$$

即 $\dfrac{q(l-x)x}{2} + \dfrac{qx^2}{2} = \dfrac{ql^2}{16}$

解得 $x = \dfrac{l}{8} = 0.125l$

铰的位置确定后，即可作出全梁的弯矩图[图 9 – 5(c)]，其中

$$M_B = M_C = M_2 = \frac{ql^2}{16} = 0.0625ql^2$$

$$M_1 = M_3 = \frac{q(l-x)^2}{8} = 0.0957ql^2$$

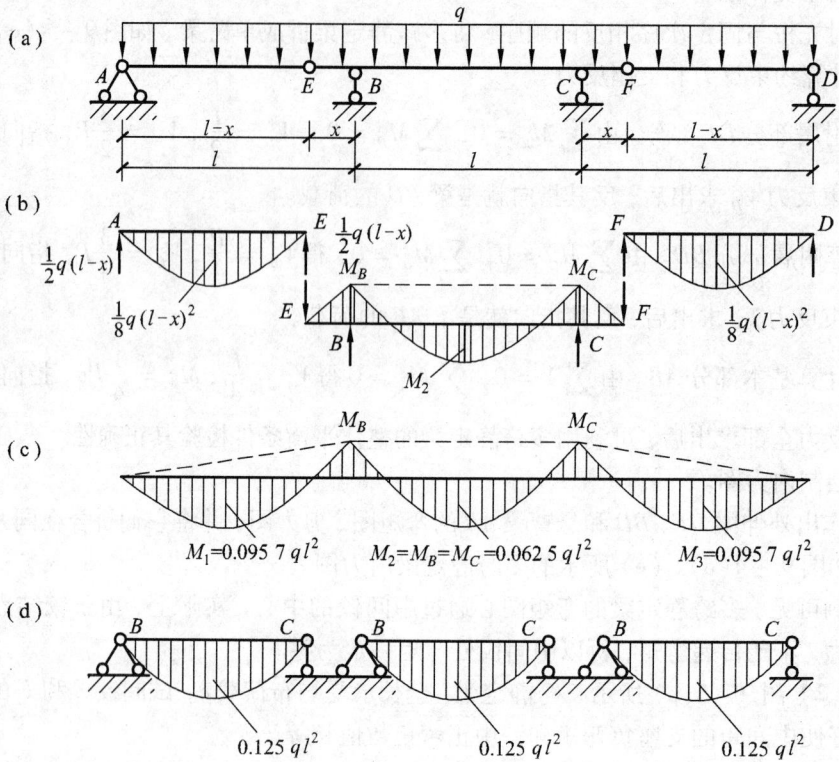

图 9 - 5

由本例可见,适当地布置中间铰的位置,可以减小多跨静定梁弯矩图的峰值,或者使梁的最大正弯矩和最大负弯矩的绝对值相等。

如果将本例中的三跨静定梁改为 3 个跨度为 l 的简支梁[图 9 - 5(d)],则从图上可以看到,多跨简支梁的弯矩将比多跨静定梁大。这是由于在多跨静定梁中布置了外伸梁,一方面减小了附属部分的跨度,另一方面又使得伸臂上的荷载对基本部分产生负弯矩,从而部分地抵消了跨中荷载所产生的正弯矩。

多跨静定梁与多跨简支梁相比较有弯矩小且分布较均匀的优点,缺点是中间铰处构造比较复杂,且若基本部分破坏,则支承于其上的附属部分也将随之倒塌。

9.2 超静定组合结构梁

对于房屋建筑结构,当荷载较大、跨度也较大时,则一般采用组合结构梁,如图 9 - 6 所示;对于公路和铁路工程,常常采用桁架梁(图 9 - 7)、多跨连续梁等。由于篇幅关系,以及组合梁也包含桁架计算部分,故本章只讲组合结构梁,而不讲桁架梁,读者学习过组合梁的计算过程后,同样会进行桁架的计算。

108

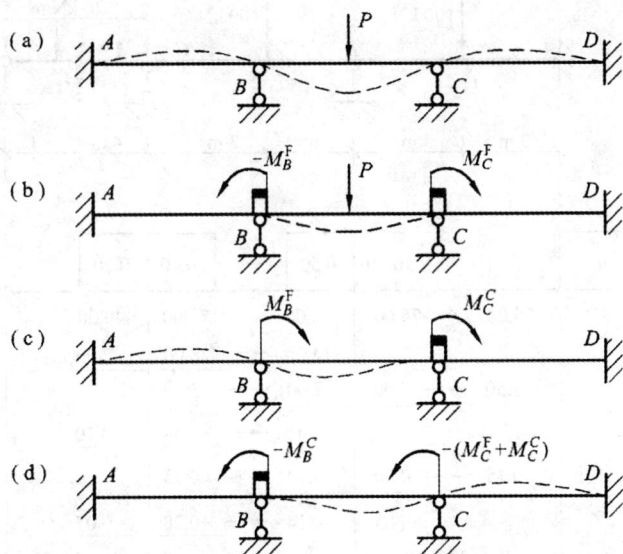

图 9 - 10

第一步，在结点 B 和 C 加刚臂(用螺丝夹紧)，阻止结点转动，在荷载作用下梁产生的变形如图 9 - 10(b) 所示。这时，刚臂把连续梁分成了三根单跨梁，仅 BC 一跨有变形，如图中虚线所示。显然 BC 跨变形比原图(a) 中的变形小。为了阻止 C 结点转动，在 C 结点增加了一个刚臂，这相当于在 C 结点增加了一个荷载弯矩 M_C^F，其中 F 表示荷载的意思；而在 B 结点，因为荷载弯矩顺时针为正，故在 B 结点相当于增加了一个荷载弯矩 $-M_B^F$。

第二步，去掉结点 B 的刚臂图 9 - 10(c)(注意此时结点 C 仍夹紧)，这时结点 B 增加一个与 $-M_B^F$ 反向的弯矩 M_B^F，抵消上面多加的 $-M_B^F$ 的作用，记住反号。B 截面在 M_B^F 作用下要产生转角，BA 跨要跟着产生变形，但此变形比原图(a) 中的变形小，BC 跨的变形如图 9 - 10(c) 中虚线所示，BC 跨梁 C 端受到影响，得到传递来的弯矩 M_C^C。

第三步，重新将结点 B 夹紧，即重新加上刚臂，然后去掉结点 C 的刚臂，在结点 C 加上与 $(M_C^F + M_{CB}^C)$ 反向的弯矩，使 C 端转动，BC 跨的变形如图 9 - 10(d) 中虚线所示，同样也比图(a) 中 BC 跨的变形小。但将图(b)、(c)、(d) 三图中的变形叠加，其结果渐近图(a) 的变形。

这样，连续梁的 B、C 两个结点都经过一次放松过程，也都产生了一定数值的转角，但还不等于原结构应有的转角。

依此类推，再重复第二步和第三步，即轮流去掉结点 B 和 C 的刚臂，连续梁的变形和内力就逐渐接近实际状态。在此过程中，因每次只放松一个结点，故每一步均为单结点的力矩分配和传递运算。最后将各项步骤所得的杆端弯矩(弯矩增量)叠加，即得所求的杆端弯矩(总弯矩)。一般只需进行二三轮就能满足工程上的精度要求。

为了便于掌握和运用，下面结合一个具体例子来说明。

【例 9.4】用力矩分配法，计算图 9 - 11(a) 所示的多跨梁，画出弯矩图。

解：用力矩分配法计算的过程，列在图 9 - 11 的附表中，扼要说明如下。

(1) 固定所有刚结点。可以计算各杆的固端弯矩

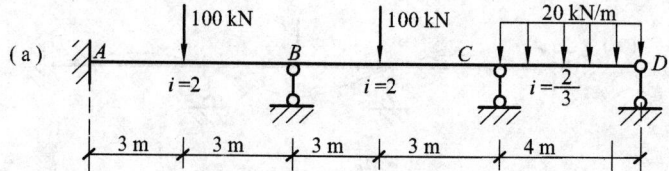

(a) 图示连续梁

μ		0.50	0.50		0.80	0.20
M^F 分配	−75.00	75.00	−75.00		75.00	−40.00
			−14.00 ←		−28.00	−7.00
		3.50 ←	7.00	7.00 →	3.50	
				−1.40 ←	−2.80	−0.70
与		0.35 ←	0.70	0.70 →	0.35	
				−0.14 ←	−0.28	−0.07
		0.03 ←	0.07	0.07 →	0.04	
				−0.02 ←	−0.03	−0.01
传递			0.01	0.01		
M	−71.12	82.78	−82.78		47.78	−47.78

(b)

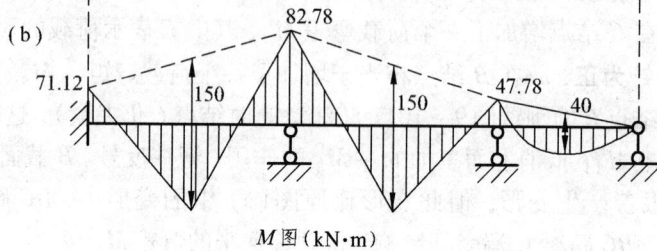

M 图（kN·m）

图 9 − 11

$$M^F_{AB} = M^F_{BC} = -\frac{1}{8}Pl = -\frac{1}{8} \times 100 \times 6 = -75 \text{ kN} \cdot \text{m}$$

$$M^F_{BA} = M^F_{CB} = \frac{1}{8}Pl = \frac{1}{8} \times 100 \times 6 = 75 \text{ kN} \cdot \text{m}$$

$$M^F_{CD} = -\frac{1}{8}ql^2 = -\frac{1}{8} \times 20 \times 4^2 = -40 \text{ kN} \cdot \text{m}$$

结果列入附表中的第二行。

（2）逐次放松 B 和 C 结点。

① 只放松 B 结点时的分配系数，由

$$S_{BA} = 4 \times 2 = 8, \quad S_{BC} = 4 \times 2 = 8$$

有 $\mu_{BA} = \dfrac{8}{8+8} = 0.5, \mu_{BC} = \dfrac{8}{8+8} = 0.5$

② 只放松 C 结点的分配系数 μ，由

$$S_{CB} = 4 \times 2 = 8, S_{CD} = 3 \times \frac{2}{3} = 2$$

有 $\mu_{CB} = \dfrac{8}{8+2} = 0.8, \mu_{CD} = \dfrac{2}{8+2} = 0.2$

将 μ 注明在图 9-11 附表上的第一行内。

③ 逐次放松一个结点，放松后的分配与传递弯矩，分先后列在附表的第三行内。

第一次放松时，比较到 B 和 C 两结点弯矩大小，先放松固平衡力矩较大的点，这样收敛得快一些。C 结点固平衡力矩

$$m_C = 75 + (-40) = 35 \text{ kN} \cdot \text{m}$$

偏大，故第一次放松 C 结点。

第一次，将 C 结点弯矩分配

$$M_{CB}^\mu = \mu_{CB}(-m_C) = 0.8 \times (-35) = -28 \text{ kN} \cdot \text{m}$$

$$M_{CD}^\mu = \mu_{CD}(-m_C) = 0.2 \times (-35) = -7 \text{ kN} \cdot \text{m}$$

将 C 结点弯矩传递

$$M_{BC}^C = C_{CB} \cdot M_{CB}^\mu = 0.5 \times (-28) = -14 \text{ kN} \cdot \text{m}$$

C 结点分配后已暂平衡，可在此分配弯矩下面画一短横线，参见图 9-11 中附表，此后凡短横线以上都不用考虑固平衡力矩。

第二次只放松结点 B，B 结点固平衡力矩

$$m_B = 75 + (-75) + (-14) = -14 \text{ kN} \cdot \text{m}$$

第二次，将 B 结点弯矩分配

$$M_{BC}^\mu = \mu_{BC}(-m_B) = 0.5 \times [-(-14)] = 7 \text{ kN} \cdot \text{m}$$

$$M_{BA}^\mu = \mu_{BA}(-m_B) = 0.5 \times [-(-14)] = 7 \text{ kN} \cdot \text{m}$$

将 B 结点弯矩传递

$$M_{AB}^C = C_{BA} \cdot M_{BA}^\mu = 0.5 \times 7 = 3.5 \text{ kN} \cdot \text{m}$$

$$M_{CB}^C = C_{CB} \cdot M_{BC}^\mu = 0.5 \times 7 = 3.5 \text{ kN} \cdot \text{m}$$

于是 C 结点又有固平衡弯矩 $m_C = 3.5 \text{ kN} \cdot \text{m}$，要作第三次放松。

类似这样逐次地进行，如图 9-11 附表所列，至最后 B 结点的分配弯矩为 0.01，再传递时传递弯矩就可忽略不计，此时可停止。本题弯矩的有效数字精确到 $0.001 \text{ kN} \cdot \text{m}$。

（3）最后杆端弯矩引用式（6-4）叠加可得，如图 9-11 附表的最后一行所列。由最后的杆端弯矩，画出连续梁的弯矩图，如图 9-11(b) 所示。

【例 9.5】 用力矩分配法计算图 9-12(a) 所示的连续梁，并绘 M 图。

解： 此连续梁的特点是，外伸部分为静定，它的内力易知。因此可以保存连续梁，而暂时去掉外伸部分，只考虑去后的影响。外伸部分对连续梁的影响，可以用力的平移法则来确定。平移后有一竖向力 24 kN，直接由支座 A 承担，因与梁无关，被省略未画；还有一力偶 m 作用在梁 A 端画在图(b) 上。可以用图(b) 的连续梁来代替图(a) 的连续梁。用力矩分配法计算图(b) 的连续梁，过程如图 9-12 的附表，原则上与前面连续梁计算一致。此例只宜说明两点，如下述：

（1）求固端弯矩。在刚结点被刚臂固定时，可以将比较复杂的中间荷载分解，分别计算

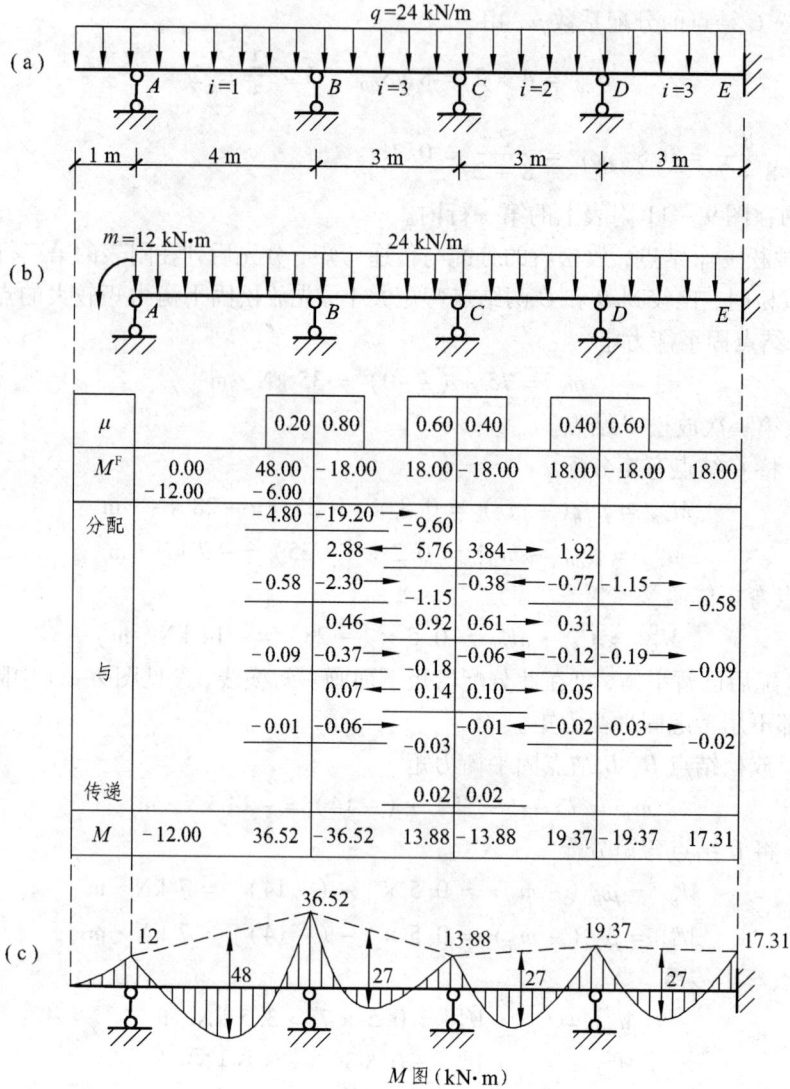

q=24 kN/m

(a) A i=1 B i=3 C i=2 D i=3 E

1 m | 4 m | 3 m | 3 m | 3 m

(b) m=12 kN·m 24 kN/m
A B C D E

	μ		0.20	0.80		0.60	0.40		0.40	0.60
	M^F	0.00 / −12.00	48.00 / −6.00	−18.00	18.00	−18.00	18.00	−18.00	18.00
分配			−4.80	−19.20 → −9.60					
			2.88 ← 5.76	3.84 → 1.92				
与			−0.58	−2.30	−1.15	−0.38 ← −0.77	−1.15	−0.58
			0.46 ← 0.92	0.61 → 0.31				
			−0.09	−0.37	−0.18	−0.06 ← −0.12	−0.19	−0.09
			0.07 ← 0.14	0.10 → 0.05				
			−0.01	−0.06	−0.03	−0.01 ← −0.02	−0.03	−0.02
传递				0.02	0.02			
	M	−12.00	36.52	−36.52	13.88	−13.88	19.37	−19.37	17.31

(c) 36.52 13.88 19.37 17.31
12 48 27 27 27

M 图（kN·m）

图 9 – 12

固端弯矩。例如对图（b），AB 跨的荷载比较复杂，可分开两种荷载计算，一种是匀布荷载产生的，另一种是端部作用有外力偶 m 产生的。

$$M^F_{BA(1)} = \frac{1}{8}ql^2 = \frac{1}{8} \times 24 \times 4^2 = 48 \ \text{kN} \cdot \text{m}, \quad M^F_{AB(1)} = 0$$

$$M^F_{BA(2)} = -\frac{l^2}{2l^2}m = -\frac{m}{2} = -\frac{12}{2} = -6 \ \text{kN} \cdot \text{m}, \quad M^F_{AB(2)} = -m = -12 \ \text{kN} \cdot \text{m}$$

如图（b）附表所列。

（2）放松结点个数多于 2 个时的放松顺序，宜采取相间隔的逐次放松顺序。如本例要单个放松的结点共 3 个，宜先取 B、D 再取 C，或先取 C 再取 D、B 的间隔放松次序。这样，近似法计算的收敛速度可能要快一些。

114

9.4　用机动法作连续梁影响线简介

第8章讨论了用静力法作单跨静定梁反力和内力影响线,其图线均由直线段组成,只要定出每条直线段上两个点的竖标值即可画出。但超静定梁的影响线都是曲线,画起来比较麻烦。但在工程计算时,多数情况下,不必知道影响线竖标的具体数据,只需知道它的轮廓,就可确定荷载的最不利位置,求出反力和内力的最大值。本节要学习的机动法,就是一种不经计算,可直接画出连续梁影响线轮廓的方法。

9.4.1　机动法

机动法作影响线的依据,是本书第4章中讲过的虚功原理。这里,位移是虚设的,且值微小,为约束条件和变形连续条件所容许;同时,作用在结构上的力系是平衡力系。这样由外力虚功总和等于内力虚功(对于刚体,内力虚功等于零),可求出结构的反力或内力,或者说能找出结构反力、内力与位移的关系。现以绘制图9-13(a)所示外伸梁的反力 R_B 的影响线为例,说明用机动法作影响线的原理和步骤。

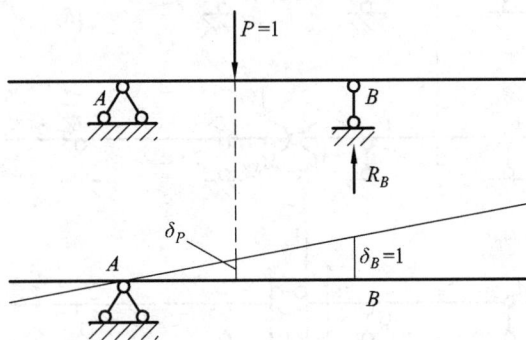

图9-13

为求 R_B ,去掉与它相应的约束,即 B 处的支座链杆,用 R_B 力代替其作用(设 R_B 竖直向上为正)。此时,原结构成了具有一个自由度的几何可变体系。使该体系沿 R_B 方向发生微小位移,其中 δ_P 表示力 P 作用在结构上的点沿该力方向的位移。由于体系在力 R_A、P、R_B 共同作用下处于平衡状态,故它们所做的外力虚功总和等于零,有虚功方程

$$R_B \cdot \delta_B - P \cdot \delta_P + R_A \cdot 0 = 0$$

因 $P = 1$,得

$$R_B = \frac{\delta_P}{\delta_B}$$

式中: δ_B 是力 R_B 的作用点沿其方向的微小位移,在给定微小位移时,它是一个常数; δ_P 随荷载 $P = 1$ 位置的不同而变化。令微小位移 $\delta_B = 1$,则有

$$R_B = \frac{\delta_P}{\delta_B} = \delta_P$$

由上式可知，反力 R_B 的变化规律与荷载 $P = 1$ 作用点处位移的变化规律相同，即 δ_P 的位移图就得 R_B 影响线。

9.4.2 用机动法作连续梁的影响线

按照用机动法作静定梁影响线的方法，可以迅速地画出连续梁上某个量值影响线的轮廓。如欲求图 9 – 14(a) 所示连续梁反力 R_E 的影响线，为了方便，将 R_E 画在变形图上，即去掉支座 E 处的约束，代之以相应的正向约束反力 R_E，使 E 处沿 R_E 方向发生一微小位移 δ_E，如图 9 – 14(b) 所示，由虚功方程有

$$R_E \cdot \delta_E - P \cdot \delta_P = 0$$

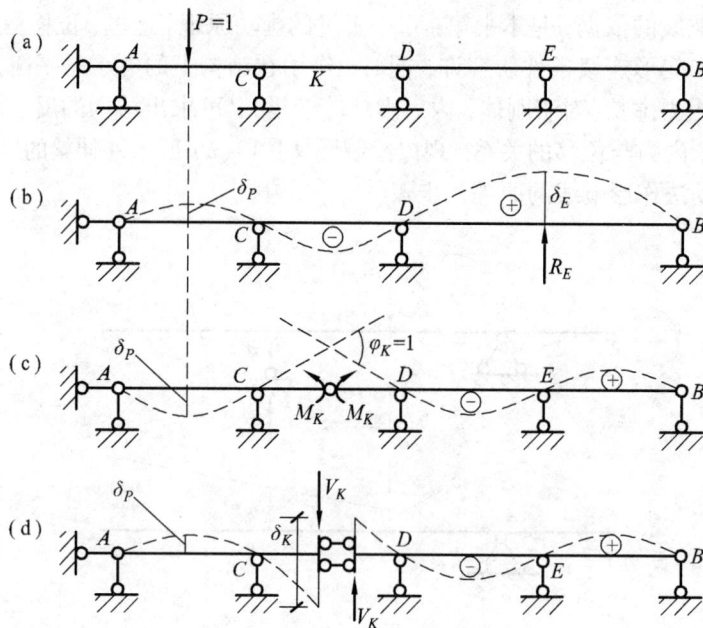

图 9 – 14

因为 $P = 1$，且又设 $\delta_E = 1$，所以有

$$R_E = \delta_P$$

综上所述，用机动法作连续梁某量值 S 影响线的步骤是：首先在欲求量值 S 影响线处，去掉与 S 相应的约束，代之以正向约束力。然后使体系产生与 S 相应的单位位移，由此所得的竖向位移图，即为 S 影响线的轮廓。

下面仍以作图 9 – 14(a) 连续梁的截面 K 处弯矩、剪力影响线为例。作 M_K 影响线时，先去掉与 K 截面弯矩相应的约束，即将刚性联结改为铰结，并以正向弯矩 M_K 代替约束对原结构的作用。然后使梁沿 M_K 正方向发生单位相对位移(即单位相对转角)$\varphi_K = 1$。如图 9 – 14(c) 的虚线所示，即得 M_K 影响线的轮廓。

同理，欲作 V_K 影响线，先去掉与 K 截面剪力相应的约束，即将 K 截面的刚性联结改为定向约束，如图 9 – 14(d) 所示。由于这种约束只能抵抗轴力和弯矩，而不能抵抗剪力，因此说

去掉了 K 截面的剪力约束。并用一对正剪力 V_K 代替对结构的约束作用。然后画得梁 V_K 的影响线的轮廓。

9.4.3　分布荷载作用下的最不利位置

当用机动法作出连续梁量值影响线图形的轮廓后，依均布活荷载的特性，就能迅速确定荷载的最不利位置。如图 9 – 15(a) 所示连续梁，试确定使第三跨内截面 K 产生最大弯矩的荷载的最不利位置。先作出 M_K 影响线图形的轮廓，如图 9 – 15(b) 所示，把活荷载布满影响线正号面积部分，如图 9 – 15(c) 所示，就可求得 $M_{K(\max)}$；若要求 $M_{K(\min)}$，只须把活荷载布满影响线负号面积部分，如图 9 – 15(d) 所示，就可求得。同理，可以确定使支座截面 D 有最大正弯矩和最大负弯矩的荷载的最不利位置，分别如图 9 – 15(f)、(g) 所示。

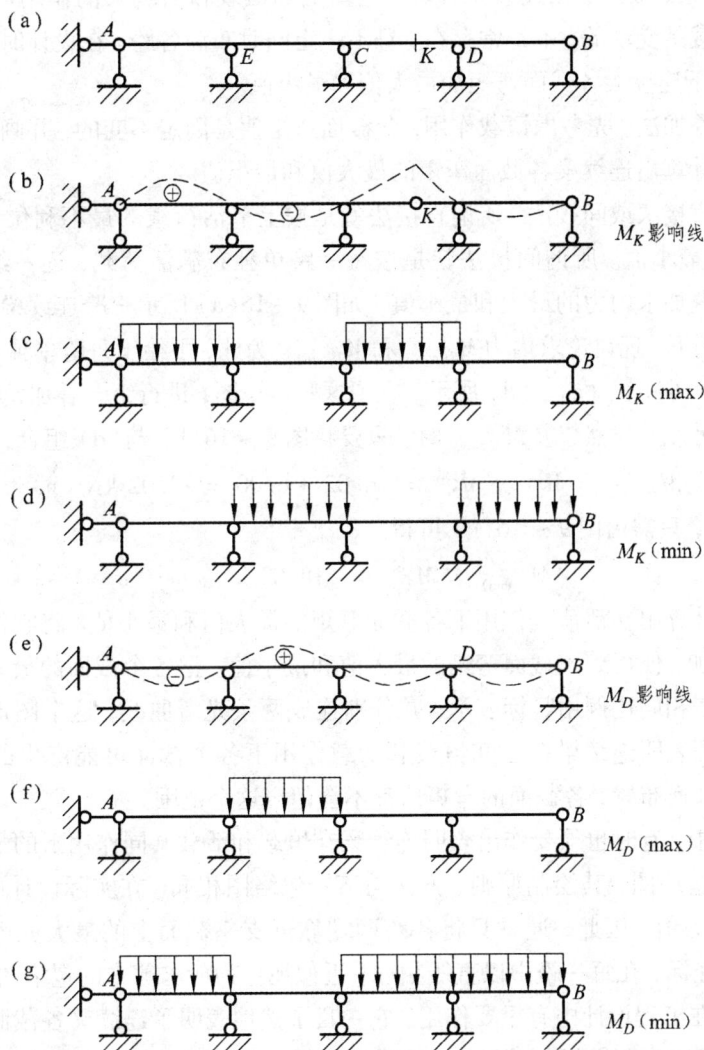

图 9 – 15

由上述可以得出，连续梁在均布活荷载作用下产生最大(小)弯矩时，活载的最不利位置的布置规律：

（1）求某跨的最大正弯矩时，应在该跨布满荷载，其余每隔一跨布满活荷载。求此跨的最小弯矩时，则荷载布置与之应相反。

（2）求某支座的最大负弯矩时，应在该支座相邻两跨布满活荷载，其余每隔一跨布满活荷载。相反的荷载布置，则会产生该支座的最大正弯矩。

9.5　连续梁的内力包络图

铁路和公路桥梁上的桥面系、房屋建筑中的肋形楼盖以及水池顶盖等，均由梁(次梁、主梁)、板组成。而梁、板一般按连续梁计算，它要受到恒载和活载共同作用。恒载总是存在，且布满全梁；活载是变动的，不经常存在，且不一定同时布满各跨。在设计时，必须求出在两种荷载共同作用下连续梁各截面弯矩的最大值和最小值。

对此，可用叠加法。先考虑恒载作用，各截面弯矩值是固定不变的，并画出弯矩图；其次考虑活载作用，计算出连续梁各截面弯矩的最大值和最小值。

此时，可用直接法或间接法。所谓直接法就是按上节活荷载的最不利位置的规律，求出弯矩的最大值和最小值。所谓间接法就是按每一跨单独布满活荷载，逐一绘出相应的内力图，然后再组合叠加求内力的最大和最小值。如图 9 – 16(a) 所示三跨连续梁，在均布活荷载 $p = 45$ kN/m 作用下，现讨论求内力 $M_{2(max)}$ 和 $M_{2(min)}$。为此，可绘出每跨单独布满活荷载时的弯矩图，如图 9 – 16(b)、(c)、(d) 所示。有了这些弯矩图，进行组合叠加，就可求出截面弯矩的最大值和最小值。显然，求 $M_{2(max)}$ 时，只要将图 9 – 16(b) 与 (d) 组合，即

$$M_{2(max)} = M_2^{(b)} + M_2^{(d)} = 66.02 + 6.00 = 72.02 \text{ kN} \cdot \text{m}$$

求 $M_{2(min)}$ 时，只需由图 9 – 16(c) 可得

$$M_{2(min)} = M_2^{(c)} = -18.02 \text{ kN} \cdot \text{m}$$

这样，就可计算出在活荷载作用下各截面弯矩的最大值和最小值。将它们与恒载作用下相应截面弯矩叠加，便得到该截面弯矩的最大值和最小值。把各个截面的最大弯矩和最小弯矩，在同一图中按相同比例用竖标表示，并分别连成两条光滑曲线，这个图形称为连续梁的弯矩包络图。该图表明连续梁在已知恒载和活载作用下各个截面可能产生的弯矩的极限范围。不论活荷载如何布置，各截面的弯矩值都不会超出这个范围。

在结构设计中，有时也须要作出表明连续梁在恒载和活载共同作用下的最大剪力和最小剪力变化的剪力包络图。其绘制原则、方法与弯矩包络图相同。在实际设计中，主要用到各支座截面上的剪力值。因此，通常只将各跨两端靠近支座截面上的最大剪力和最小剪力求出，画出相应的竖标，在每一跨中以直线相连，近似地作为所求剪力的包络图。

内力包络图在工程设计中有重要作用，它一目了然地表明了连续梁各截面内力变化的极限情况，可以根据它合理选择截面尺寸，在设计钢筋混凝土梁时，也是布置钢筋的重要依据。

【例9.6】如图 9 – 17(a) 所示三跨等截面连续梁，固定不变的恒载 $q = 20$ kN/m，移动的活载 $p = 30$ kN/m。试作该梁的弯矩包络图和剪力包络图。

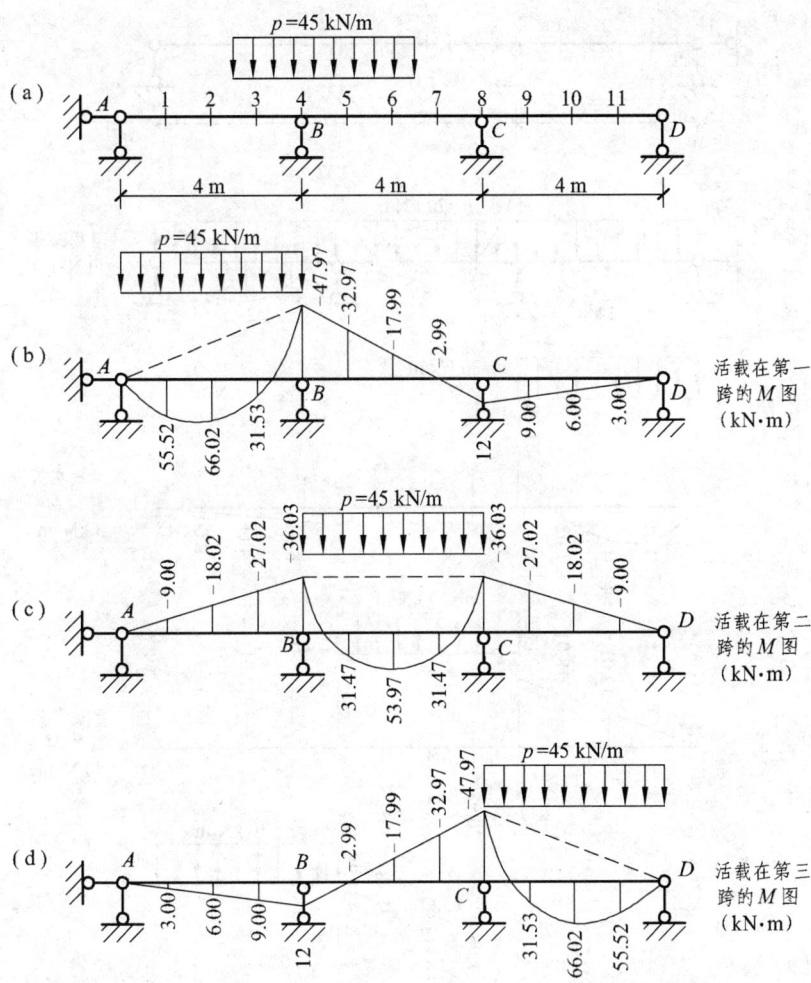

图 9 – 16

解： 1. 作弯矩包络图。将梁跨分成四等份，求出各等份点的弯矩并作图。

（1）作出恒载作用下的弯矩图，如图 9 – 17（b）所示。

（2）依次作出每一跨单独承受活载时的弯矩图，如图 9 – 17（c）、（d）、（e）所示。

（3）将恒载作用下的截面弯矩，与活载作用下的对应载面最大弯矩或最小弯矩叠加，就得该截面最后最大或最小弯矩，如图 9 – 17（f）所示。

2. 作剪力包络图。

（1）作出恒载作用下的剪力图，如图 9 – 18（b）所示。

（2）依次作出每一跨单独承受活载时的剪力图，如图 9 – 18（c）、（d）、（e）所示。

（3）将恒载剪力图中各支座左右截面处的竖标值和所有各活载剪力图中对应的正（负）竖标值相加，便得到相应截面最大（小）剪力值。例如在图 9 – 18 中支座 C 的左侧截面上有

$$V_{C(\max)} = (-40) + 9.99 = -30.01 \text{ kN}$$

$$V_{C(\min)} = (-40) + (-60) + (-9.99) = -109.99 \text{ kN}$$

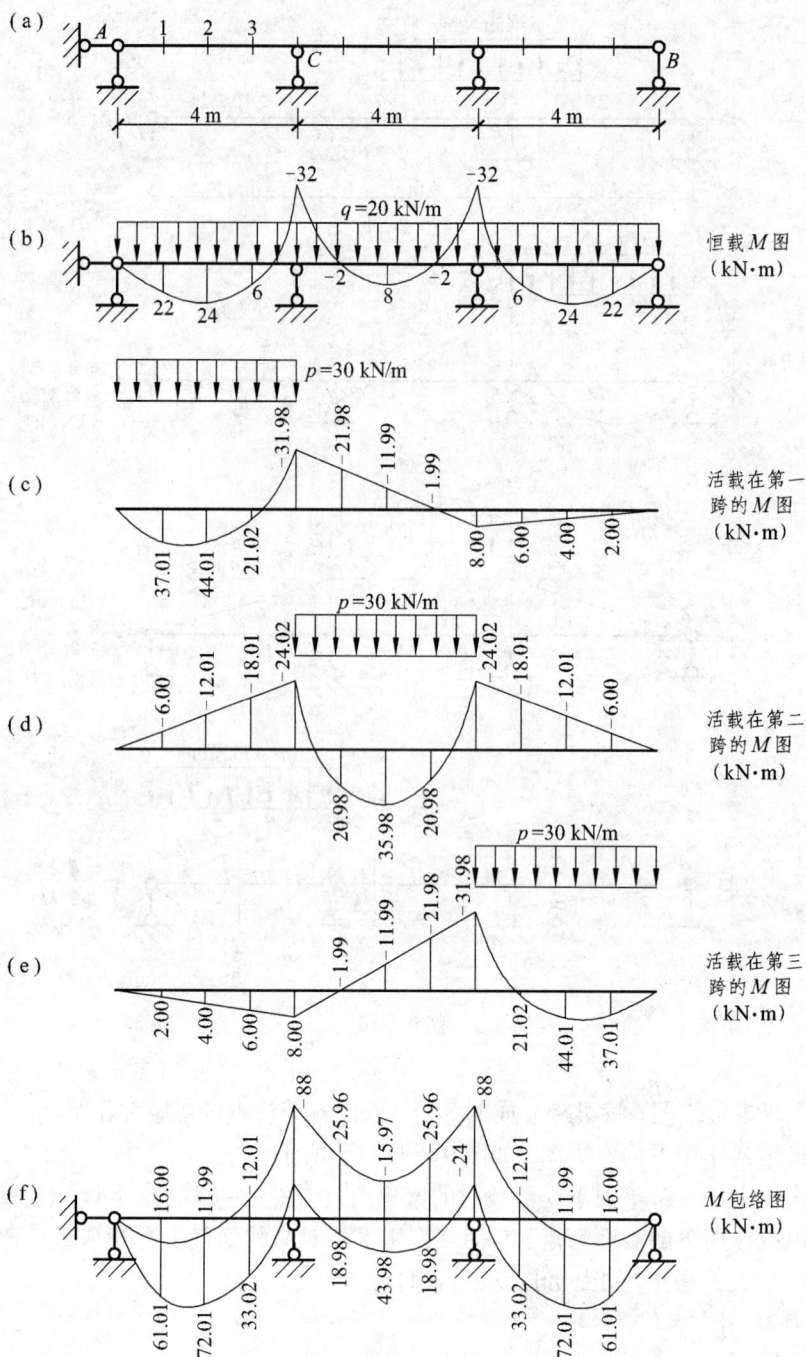

图 9 − 17

（4）把各跨两端截面（即支座侧边的截面）上的最大剪力值和最小剪力值，分别用直线相连，即得剪力包络图，如图 9 − 18（e）所示。

120

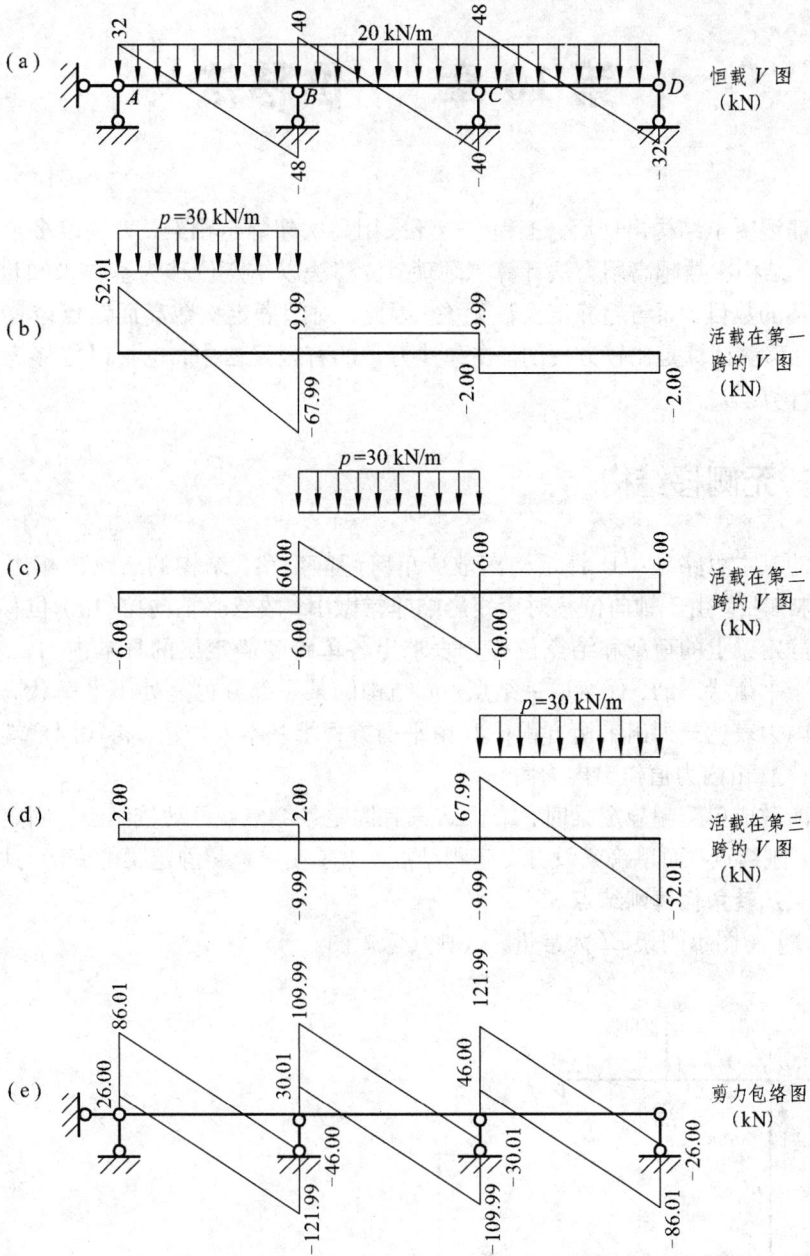

图 9 – 18

第10章 位移法

自从钢筋混凝土结构出现后，工程上广泛采用高次超静定刚架，力法以多余未知力作为基本未知量，结构次数越高用力法计算越烦琐。位移法以结点位移为基本未知量，它仅仅决定于结点位移的数目，而与超静定次数无关。因此，对超静定次数高而结点位移数少的超静定结构，用位移法计算是比较方便的。在弹性力学的有限元法中，也常以位移为基础来推导公式和进行计算。

10.1　无侧移结构

位移法的基本思路是：① 将结构离散成单跨超静定梁，结构的结点位移用支座位移代替，并作为未知量。由于**轴向位移对弯矩影响非常微小**，故忽略轴向拉（压）位移的影响，然后由单跨超静定梁上的荷载和结点位移查表求出各单跨超静定梁的杆端内力；② 结构受力变形后是处于平衡状态的，任意取一结点，或结构的某一部分也是处于平衡状态，由包含结点未知量的内力表达式列出平衡方程；③ 由平衡方程求基本未知量，再代回杆端内力表达式求出内力值；④ 由内力值作出内力图。

将结构离散成单跨超静定梁时，结构结点有固定铰结点、可动铰结点、固定端结点、定向支承结点、刚结点；而单跨梁没有支座刚结点。为了使单跨超静定梁的变形与原结构一致，**用固定端结点加转角代替刚结点。**

【例 10.1】　图示刚架 EI 为常量，试画其弯矩图。

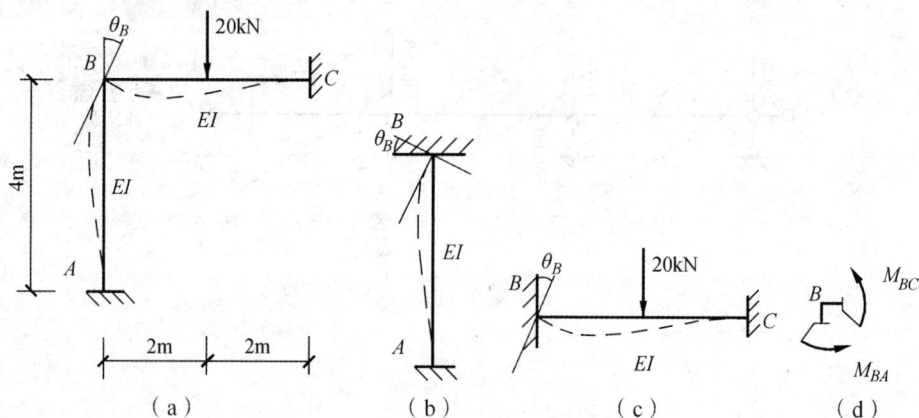

图 10 - 1

解：图 10 - 1(a) 所示刚架为三次超静定结构，但将其分离成单跨超静定梁(b) 和(c)

122

后，A 和 C 均为固定端支座无位线移，只有一个固定端结点角位移 θ_B。$i = \dfrac{EI}{4}$，由单跨超静定梁查表得

$$M_{BA} = 4i\theta_B$$

$$M_{BC} = 4i\theta_B - \frac{1}{8}Pl = 4i\theta_B - \frac{1}{8} \times 20 \times 4 = 4i\theta_B - 10$$

由刚架 B 结点弯矩平衡有

$$\sum M_B = 0, \ M_{BA} + M_{BC} = 0$$

$$4i\theta_B + 4i\theta_B - 10 = 0$$

$$\theta_B = \frac{10}{8i} = \frac{1.25}{i}$$

代入到杆端内力计算式

$$M_{BA} = 4i\theta_B = 4i \times \frac{1.25}{i} = 5 \ \text{kN} \cdot \text{m}$$

$$M_{AB} = 2i\theta_B = i \times \frac{1.25}{i} = 2.5 \ \text{kN} \cdot \text{m}$$

$$M_{BC} = 4i\theta_B - 10 = 4i \times \frac{1.25}{i} - 10 = -5 \ \text{kN} \cdot \text{m}$$

$$M_{BC} = 2i\theta_B + \frac{1}{8}Pl = 2i \times \frac{1.25}{i} + 10 = 12.5 \ \text{kN} \cdot \text{m}$$

最后根据杆端弯矩顺时针为正作出弯矩图如图 10 – 2 所示，弯矩画在受拉一侧。

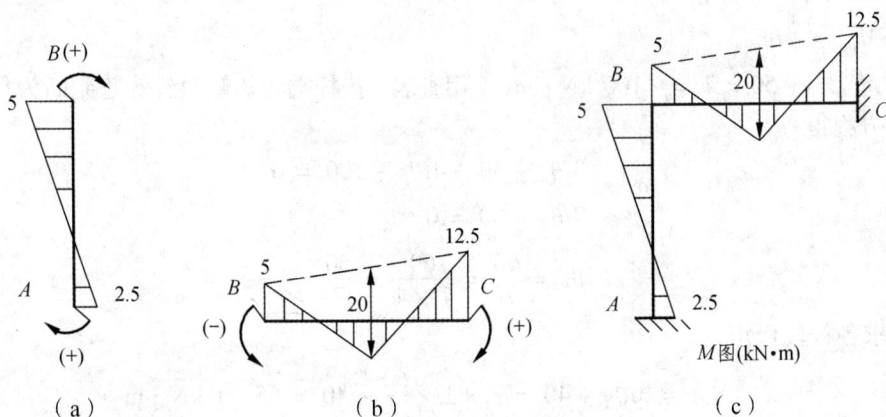

图 10 – 2

【例 10.2】　如图 10 – 3 所示刚架 EI 为常量，试用位移法画其弯矩图，并求剪力 V_{BA}。

解：

（1）离散结构确定基本未知量。

图示为二次超静定结构刚架。参考变形图离散结构成单跨超静定或静定梁（b）、（c）、（d），由图知只有 B 刚结点处一个角位移 θ_B，对查表起作用；DB 杆 D 端自由没有支座，竖向位移不是支座位移，且 DB 梁是静定梁，杆端内力不用查表，故这个竖向位移不能作为基本未知量。

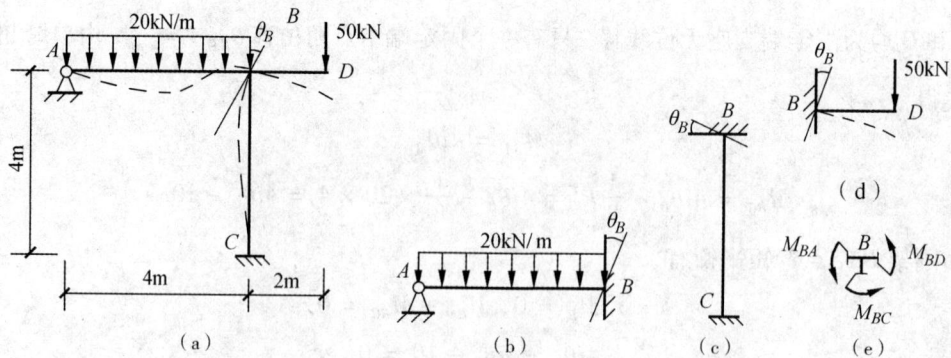

图 10 - 3

（2）列平衡方程求未知量 θ_B。

B 结点有 BA、BC、BD 三杆段相交，每一杆段横截面均有弯矩、剪力、轴力，分别有弯矩平衡、剪力平衡和轴力平衡，这里只用弯矩平衡来求 θ_B，剪力和轴力省略未画出，如图（e）所示。因最后内力图与 i 值大小无关，只与各梁段 i 相对值有关，为了简便，计算时设 $i = \dfrac{EI}{4} = 1$。

$$\sum M_{BA} + M_{BC} + M_{BD} = 0$$

查表得

$$M_{BA} = 3i\theta_B + \frac{ql^2}{8} = 3i\theta_B + \frac{20 \times 4^2}{8} = 3i\theta_B + 40$$

$$M_{BC} = 4i\theta_B$$

$M_{BD} = -50 \times 2 = -100 \ \text{kN} \cdot \text{m}$（不用查表，按杆端弯矩顺时针为正判断为负）

代入方程得

$$3i\theta_B + 40 + 4i\theta_B - 100 = 0$$

$$7i\theta_B - 60 = 0$$

$$\theta_B = \frac{60}{7i} = \frac{60}{7 \times 1} = \frac{60}{7}$$

（3）求各杆段弯矩。

$$M_{BA} = 3i\theta_B + 40 = 3 \times 1 \times \frac{60}{7} + 40 = 65.71 \ \text{kN} \cdot \text{m}$$

$$M_{AB} = 0$$

$$M_{BC} = 4i\theta_B = 4 \times 1 \times \frac{60}{7} = 34.29 \ \text{kN} \cdot \text{m}$$

$$M_{CB} = 2i\theta_B = 2 \times 1 \times \frac{60}{7} = 17.15 \ \text{kN} \cdot \text{m}$$

$$M_{BD} = -50 \times 2 = -100 \ \text{kN} \cdot \text{m}$$

$$M_{DB} = 0$$

（4）画弯矩图。

（5）求剪力 V_{BA}。

$$\sum M_A = -65.71 - V_{BA} \times 4 - 20 \times 4 \times \frac{4}{2} = 0$$

$$V_{BA} = -56.43 \text{ kN}$$

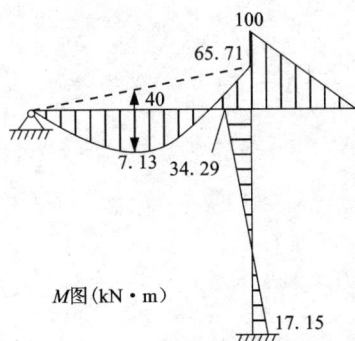

图 10 – 4

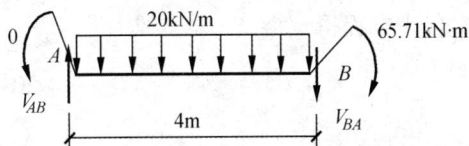

图 10 – 5

10.2 有侧移结构

为了简便起见，下面讲没有角位移只有线位移的排架结构，用位移法求解。排架是工程中常见的一种结构。

【例 10.3】图 10 – 6 所示为建筑上排架，$EA \to \infty$，EI 为常数，试用位移法求作 M 图。

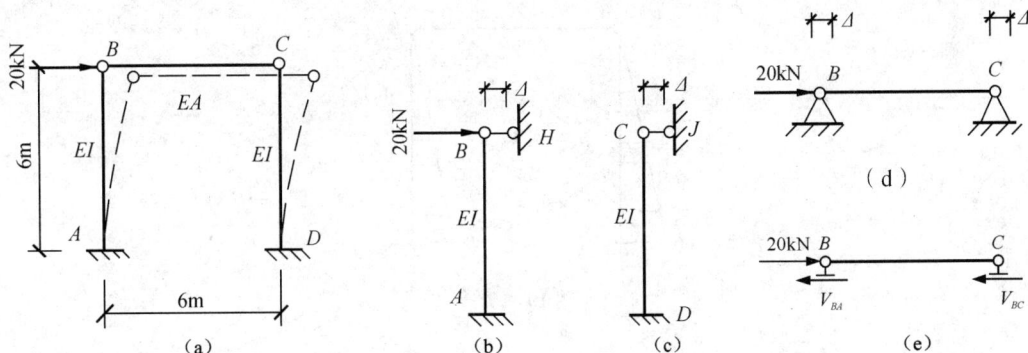

图 10 – 6

解：

（1）离散结构确定基本未知量。

本结构有 4 个结点，A、D 为固定端结点不产生位移，只有 B、C 两铰结点产生位移，且铰结点可自由转动不引起内力，只会产生水平线位移 Δ，Δ 即为基本未知量。由此先画出结构变形图如图 10 – 6(a) 所示，然后再离散结构成(b)、(c)、(d)，故 B、C 结点弯矩为零不体现转角未知量，所以只能考虑剪力平衡，取 BC 杆为研究对象，只画出水平方向受力且处于平衡。

（2）列平衡方程求未知量Δ。

为了简便计算，设 $i = \dfrac{EI}{6} = 1$，由图（e）有

$$\sum X = 20 - V_{BA} - V_{CD} = 0$$

查表得

$$V_{BA} = \frac{3i}{l} \times \frac{\Delta}{l} = \frac{3i}{l^2}\Delta = \frac{3 \times 1}{6^2}\Delta = \frac{\Delta}{12}$$

$$V_{CD} = \frac{3i}{l} \times \frac{\Delta}{l} = \frac{3i}{l^2}\Delta = \frac{\Delta}{12}$$

代入方程得

$$20 - \frac{\Delta}{12} - \frac{\Delta}{12} = 0$$

$$\Delta = 120$$

（3）求各杆段弯矩。

$$M_{BA} = 0$$

$$M_{AB} = -\frac{3i}{l}\Delta = -\frac{3 \times 1}{6} \times 120 = -60 \text{ kN} \cdot \text{m}$$

$$M_{CD} = 0$$

$$M_{DC} = -\frac{3i}{l}\Delta = -\frac{3 \times 1}{6} \times 120 = -60 \text{ kN} \cdot \text{m}$$

（4）画弯矩图。

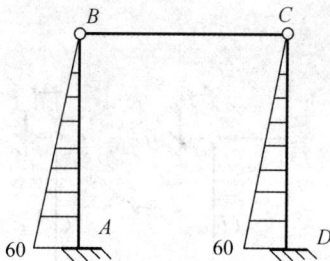

图 10 − 7

【例 10.4】 如图 10 − 8 所示刚架，EI 为常量，试用位移法画其弯矩图。

解：

（1）分析。

图示刚架 A、B、C、D 4 结点，A、D 为固定端，只有 B、C 可以有位移，在图示荷载作用下发生向左的水平位移Δ（两处位移看作相等）和逆时针转角位移 θ_B，这两位移都和正向规定相反，设 $i = \dfrac{EI}{3} = 1$，查表应注意。

（2）离散结构。

由变形图画离散结构图，如图 10 − 8(b)、(c)、(d) 所示。

126

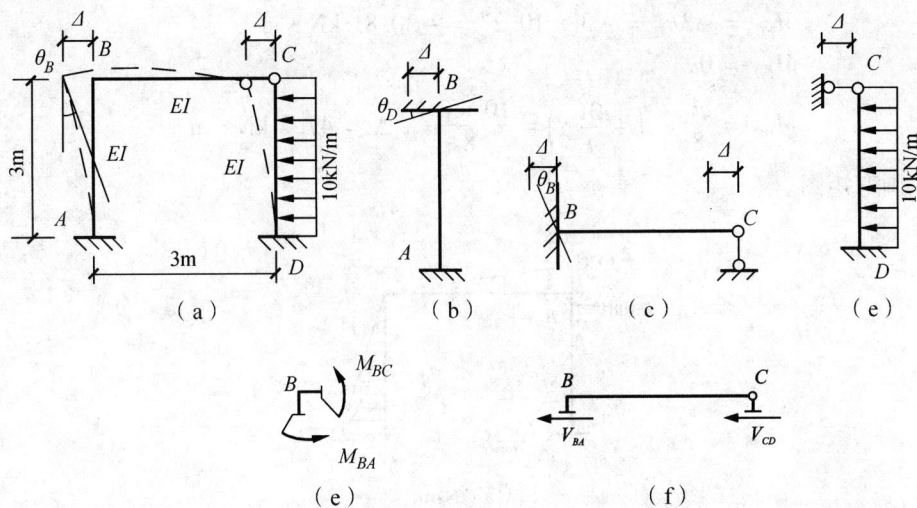

图 10 – 8

（3）列方程求未知量。

取有位移有弯矩的结点 B 列弯矩平衡方程

$$\sum M_B = M_{BA} + M_{BC} = 0$$

取有位移有剪力的 BC 部分列水平方向平衡方程

$$\sum X = - V_{BA} - V_{CD} = 0$$

$$M_{BA} = - 4i\theta_B - \left(- \frac{6i}{l} \right) \Delta = - 4\theta_B + 2\Delta$$

$$M_{BC} = - 3i\theta_B = - 3\theta_B$$

$$\sum M_B = - 4\theta_B + 2\Delta - 3\theta_B = 0$$

$$- 7\theta_B + 2\Delta = 0 \tag{1}$$

$$V_{BA} = - \left(- \frac{6i}{l} \theta_B \right) - \frac{12i}{l^2} \Delta = \frac{6 \times 1}{3} \theta_B - \frac{12 \times 1}{3^2} \Delta = 2\theta_B - \frac{4}{3} \Delta$$

$$V_{CD} = \frac{3}{8} ql - \frac{3i}{l^2} \Delta = \frac{3}{8} \times 10 \times 3 - \frac{3 \times 1}{3^2} \Delta = \frac{45}{4} - \frac{1}{3} \Delta$$

$$\sum X = - \left(2\theta_B - \frac{4}{3} \Delta \right) - \left(\frac{45}{4} - \frac{1}{3} \Delta \right) = 0$$

$$- 2\theta_B + \frac{5}{3} \Delta - \frac{45}{4} = 0 \tag{2}$$

联解式（1）和式（2）得

$$\theta_B = 10.27$$

$$\Delta = 35.95$$

（4）计算杆端弯矩。

$$M_{BA} = - 4\theta_B + 2\Delta = - 4 \times 10.27 + 2 \times 35.95 = 30.81 \text{ kN} \cdot \text{m}$$

$$M_{AB} = - 2i\theta_B - \left(- \frac{6i}{l} \Delta \right) = - 2\theta_B + 2\Delta = 2 \times (- 10.27 + 35.95) = 51.36 \text{ kN} \cdot \text{m}$$

$$M_{BC} = -3\theta_B = -3 \times 10.27 = -30.81 \text{ kN} \cdot \text{m}$$

$$M_{CD} = 0$$

$$M_{DC} = \frac{ql^2}{8} - \left(-\frac{3i}{l}\Delta\right) = \frac{10 \times 3^2}{8} + \Delta = 47.2 \text{ kN} \cdot \text{m}$$

（5）画弯矩图。

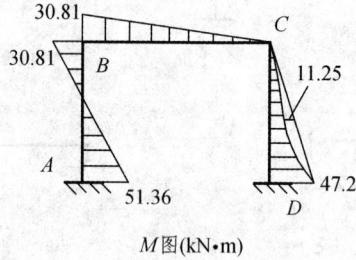

M图(kN·m)

图 10 – 9

此题也可以先设未知量全为正，然后计算出为负值，最后弯矩图与上法相同。

10.3 基本未知量

由前面可知，位移法是把杆件离散成单跨超静定梁进行求解的，如果结构简单，受单一荷载，则可以画出其变形图，由变形图确定离散后各单跨超静定梁的支座位移。当结构较为复杂时，变形图就很难画出，这时，需要事先确定各结点的角位移和线位移数目，并作为基本未知量。

确定结点角位移的数目比较容易。由于在同一刚结点处，各杆端的转角都是相等的，因此，每一个刚结点只有一个独立的角位移未知量。在各固定支座处，其转角是已知且为零。至于铰结点或铰支座处各杆端的转角，不受限制可自由转动，确定杆件内力查表时不需要它们的数值，故不作为基本未知量。这样，确定结构的结点角位移数目时，只要计算刚结点的数目就可以。例如图 10 – 10(a)所示刚架和图 10 – 10(b)所示连续梁的结点角位移数目均为 2。

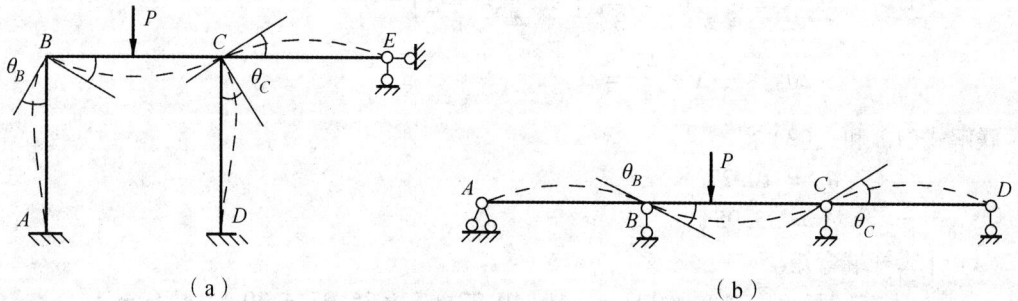

（a）

（b）

图 10 – 10

128

确定刚结点线位移数目时，通常对于受弯杆件略去其轴向变形，并假设弯曲变形也是微小的。这样可以认为，每一受弯直杆两端之间的距离在变形后仍保持不变。例如图 10 – 11(a) 所示刚架，在微小位移的情况下，结点 C 和 D 都没有竖向位移，而其水平位移彼此相等，可用一个符号 Δ 来表示。因此，原来的两个结点线位移归结为一个独立的结点线位移 Δ。同理，在图 10 – 11(b) 排架中，抗拉压刚度 EA 趋近无穷大，所以也只有一个独立结点线位移 Δ。

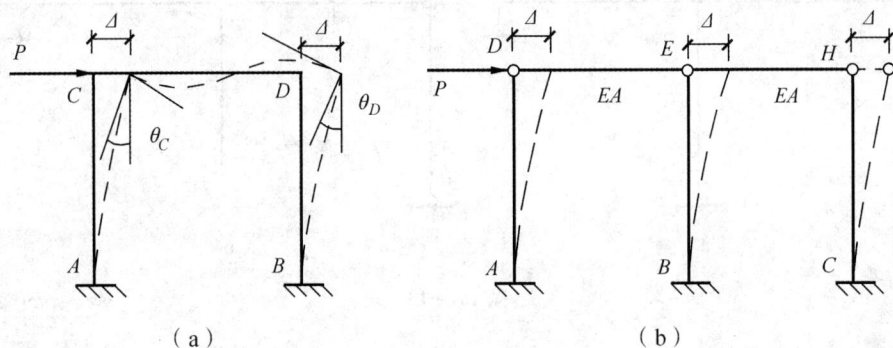

图 10 – 11

实际结构的变形是微小的，是在弹性范围内的小变形，故不考虑受弯直杆长度的改变，由此可推知：**在结构中两个已知不动的结点所引出的两受弯直杆相交的结点也将是不动的。**这和几何组成分析中铰结体系的"二杆外点"是相似的。因此，对于比较复杂的刚架，可采用铰化结点法后用几何组成分析的方法确定其独立结点线位移数目。即假设把刚架的所有刚结点(包括固定端和定向支承端)均改为铰结点，若此铰结体系为按二杆外点规则组成的几何不变体系，则原结构所有结点均不可能产生任何线位移。若相应的铰结体系是几何可变或瞬变的，那么，看最少需要添加几根链杆才能保证其几何不变性，所需添加的链杆数目就是原结构独立的线位移数目。例如图 10 – 12(a) 所示刚架，其相应的铰结体系如图 10 – 12(b) 所示。它必须增添两根链杆(图中虚线所示)，或外部添加两根支座链杆[图 10 – 12(c) 所示]，才能构成几何不变体(外部添加还可显示线位移的位置)，故知原结构独立的结点线位移数目为 2。

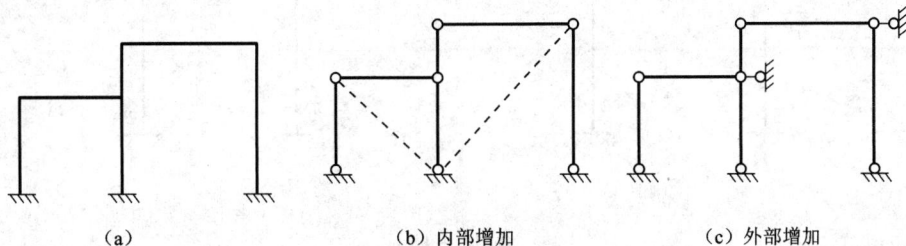

（a）　　　　　　　（b）内部增加　　　　　　　（c）外部增加

图 10 – 12

显然，在上述确定基本未知量即独立的结点角位移和线位移时，由于考虑了结构的支承情况和结点及杆件的联结情况，因而满足了结构的变形连续条件。

经过以上分析，我们就可以在不画变形图的情况下确定位移法的基本未知量。例如图10－13(a)所示刚架，结点角位移数目为2，通过铰化结点图10－13(b)可知结点线位移数目为1，共有3个基本未知量。图10－14(a)所示刚架，有1个结点角位移和1个结点线位移，共两个基本未知量。

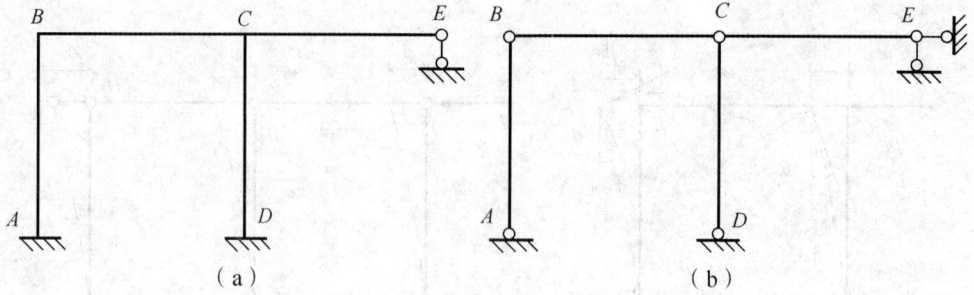

图 10－13

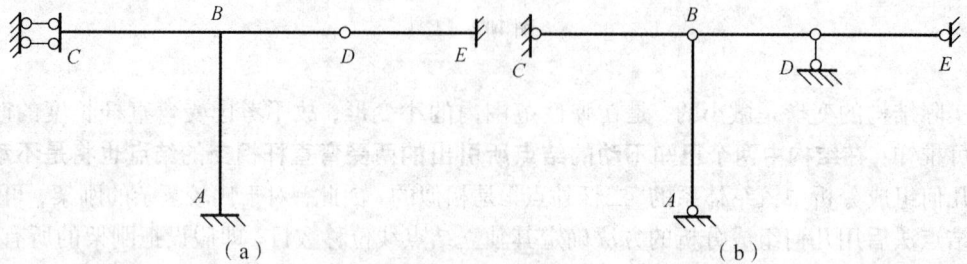

图 10－14

需要注意的是，上述确定结点线位移数目的方法，是以受弯直杆变形后两端距离不变的假设为前提的。对于需要考虑轴向变形的链杆或受弯曲杆，则其两端距离不能看作是不变的。因此，图10－15(a)、(b)所示结构，其结点线位移数目为2而不是1。

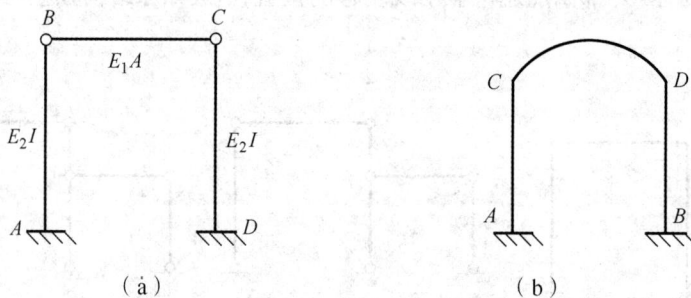

图 10－15

实际计算中，**未知转角按顺时针假设；未知线位移向右假设。**

130

第 11 章　　高次超静定工程结构

高次超静定结构在工程中很常见，不管是桥梁建筑还是房屋建筑都少不了。因为超静定次数高，所以用力法求解就要联解多元一次方法，求解很不方便，大多数情况下采用位移法求解。

11.1　一般刚架

通过例题说明用位移法计算三次以上刚架结构的全过程。

【例 11.1】图 11 - 1(a) 为某桥梁结构力学计算图，试求其弯矩图。

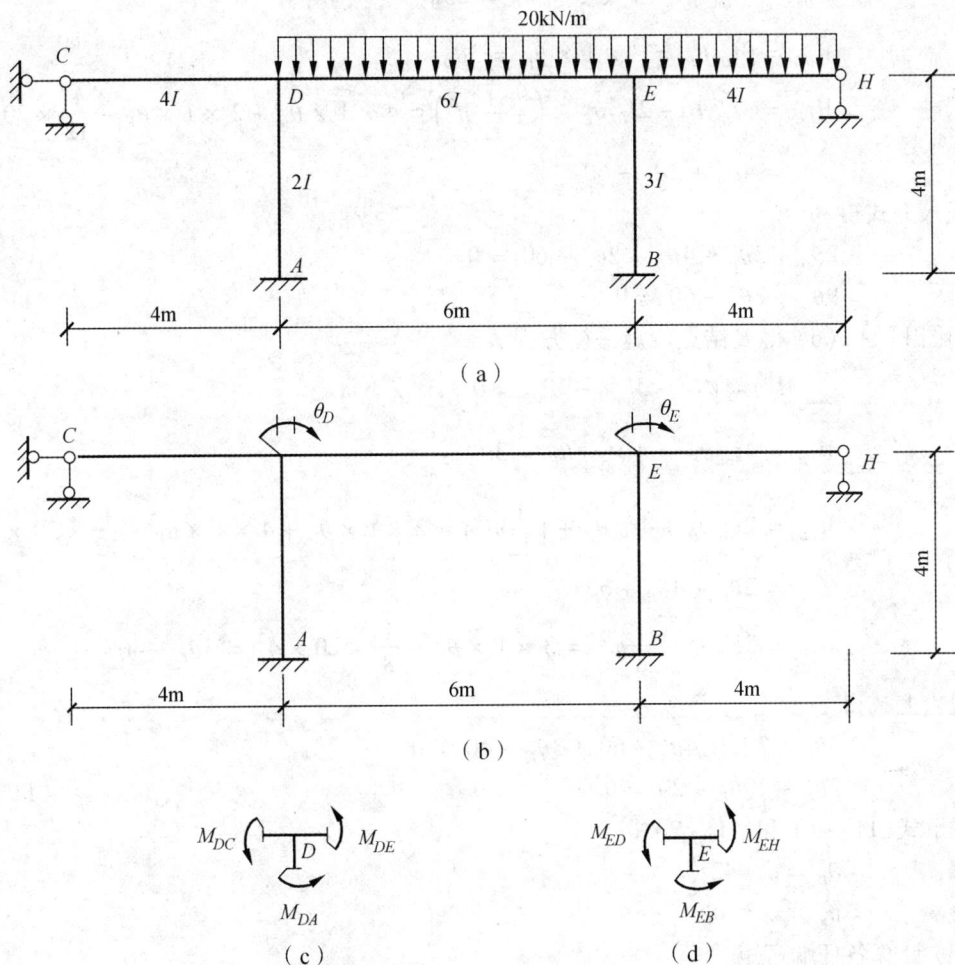

（a）

（b）

（c）　　　　　（d）

图 11 - 1

解:（1）基本未知量。

图 11 - 1(a) 所示刚架为6次超静定刚架，宜用位移法解。刚架的两个结点 D 和 E，没有结点线位移，只有角位移，基本未知量为角位移 θ_D 和 θ_E，且角位移都按正方向（顺时针方向）设置，画出基本未知量如图(b) 所示。

（2）列平衡方程求未知量。

由于只有结点角位移，所以只需要列 D 和 E 结点弯矩平衡方程即可求得基本未知量。为简便起见，设 $EI = 1$，于是有

$$i_{CD} = i_{EH} = \frac{4EI}{4} = \frac{4 \times 1}{4} = 1, \quad i_{DE} = \frac{6EI}{6} = \frac{6 \times 1}{6} = 1$$

$$i_{DA} = \frac{2EI}{4} = \frac{2 \times 1}{4} = \frac{1}{2}, \quad i_{EB} = \frac{3EI}{4} = \frac{3 \times 1}{4} = \frac{3}{4}$$

由图 11 - 1(c) 得 D 结点弯矩平衡方程

$$\sum M_D = M_{DA} + M_{DC} + M_{DE} = 0$$

$$M_{DA} = 4i_{DA}\theta_D = 4 \times \frac{1}{2} \times \theta_D = 2\theta_D$$

$$M_{DC} = 3i_{DC}\theta_D = 3 \times 1 \times \theta_D = 3\theta_D$$

$$M_{DE} = 4i_{DE}\theta_D + 2i_{DE}\theta_E + \left(-\frac{1}{12}ql^2\right) = 4 \times 1 \times \theta_D + 2 \times 1 \times \theta_E - \frac{1}{12} \times 20 \times 6^2$$

$$= 4\theta_D + 2\theta_E - 60$$

代入上式得

$$2\theta_D + 3\theta_D + 4\theta_D + 2\theta_E - 60 = 0$$

$$9\theta_D + 2\theta_E - 60 = 0 \tag{11-1}$$

由图 11 - 1(d) 得 E 结点弯矩平衡方程

$$\sum M_E = M_{EB} + M_{ED} + M_{EH} = 0$$

$$M_{EB} = 4i_{EB}\theta_E = 4 \times \frac{3}{4}\theta_E = 3\theta_E$$

$$M_{ED} = 2i_{DE}\theta_D + 4i_{DE}\theta_E + \left(\frac{1}{12}ql^2\right) = 2 \times 1 \times \theta_D + 4 \times 1 \times \theta_E + \frac{1}{12} \times 20 \times 6^2$$

$$= 2\theta_D + 4\theta_E + 60$$

$$M_{EH} = 3i_{EH}\theta_E - \frac{1}{8}ql^2 = 3 \times 1 \times \theta_E - \frac{1}{8} \times 20 \times 4^2 = 3\theta_E - 40$$

代入上式得

$$3\theta_E + 2\theta_D + 4\theta_E + 60 + 3\theta_E - 40 = 0$$

$$2\theta_D + 10\theta_E + 20 = 0 \tag{11-2}$$

联解式(11 - 1) 和(11 - 2) 得

$$\theta_D = 7.442$$

$$\theta_E = -3.488$$

（3）计算各杆端弯矩。

$$M_{DA} = 4i_{DA}\theta_D = 4 \times \frac{1}{2} \times 7.442 = 14.88 \text{ kN} \cdot \text{m}$$

$$M_{AD} = 2i_{DA}\theta_D = 2 \times \frac{1}{2} \times 7.442 = 7.44 \text{ kN} \cdot \text{m}$$

$$M_{DC} = 3i_{DC}\theta_D = 3 \times 1 \times 7.442 = 22.32 \text{ kN} \cdot \text{m}$$

$$M_{CD} = 0$$

$$M_{DE} = 4i_{DE}\theta_D + 2i_{DE}\theta_E - \frac{1}{12}ql_{DE}^2$$

$$= 4 \times 1 \times 7.442 + 2 \times 1 \times (-3.448) - 60 = -37.21 \text{ kN} \cdot \text{m}$$

$$M_{ED} = 2i_{DE}\theta_D + 4i_{DE}\theta_E + \frac{1}{12}ql_{DE}^2$$

$$= 2 \times 1 \times 7.442 + 4 \times 1 \times (-3.448) + 60 = 60.93 \text{ kN} \cdot \text{m}$$

$$M_{EB} = 4i_{BE}\theta_E = 4 \times \frac{3}{4} \times (-3.448) = -10.46 \text{ kN} \cdot \text{m}$$

$$M_{BE} = 2i_{BE}\theta_E = 2 \times \frac{3}{4} \times (-3.448) = -5.23 \text{ kN} \cdot \text{m}$$

$$M_{EH} = 3i_{EH}\theta_E - \frac{1}{8}ql_{EH}^2 = 3 \times 1 \times (-3.448) - 40 = -50.46 \text{ kN} \cdot \text{m}$$

$$M_{HE} = 0$$

(4) 作 M 图。

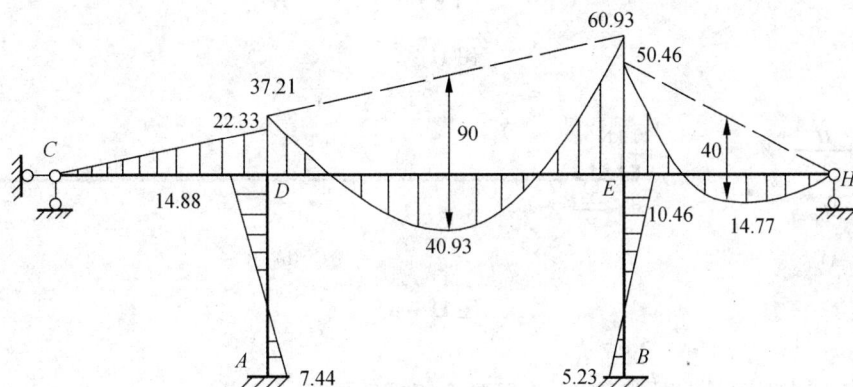

图 11 – 2

【例 11.2】图 11 – 3(a) 所示刚架，EI 为常数，试用位移法作刚架内力图。

解：(1) 基本未知量。

本题为 4 次超静定，有一个刚结点，即有一个角位移；刚架有一侧向位移Δ，位移方向不管是向左还是向右，都设为向右，即设为正向，这不影响结果。DE 段为悬臂段，离散后为单跨静定梁，故作图(b) 所示处理。所以基本未知量为 1 个角位移 θ_H 和 1 个线位移Δ。

(2) 列平衡方程求未知量。

设抗弯刚度　$EI = 6$，$i_{EA} = \dfrac{EI}{l_{EA}} = \dfrac{6}{6} = 1$，$i_{JC} = \dfrac{EI}{l_{JC}} = \dfrac{6}{6} = 1$，

$$i_{HB}\frac{2EI}{l_{HB}} = \frac{2 \times 6}{12} = 1, \ i_{HE}\frac{2EI}{l_{HE}} = \frac{2 \times 6}{18} = \frac{2}{3}, \ i_{HJ}\frac{2EI}{l_{HJ}} = \frac{2 \times 6}{18} = \frac{2}{3}$$

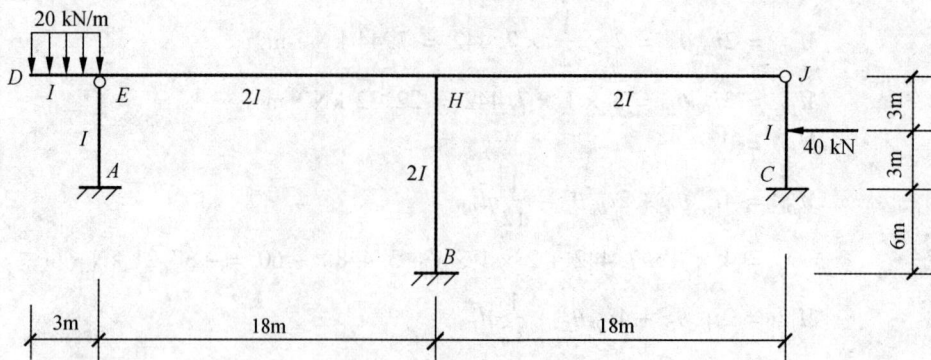

（a）

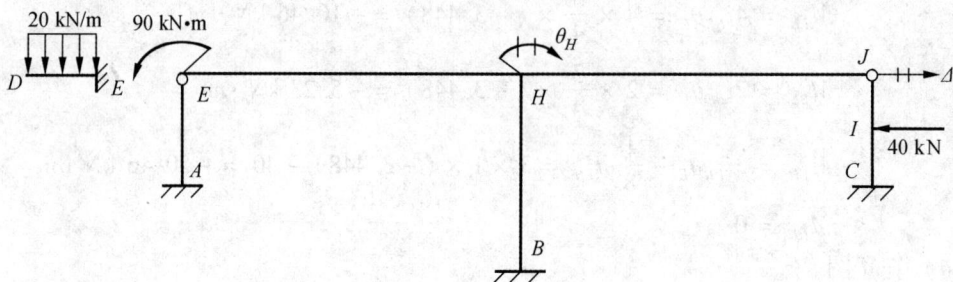

（b）

图 11 - 3

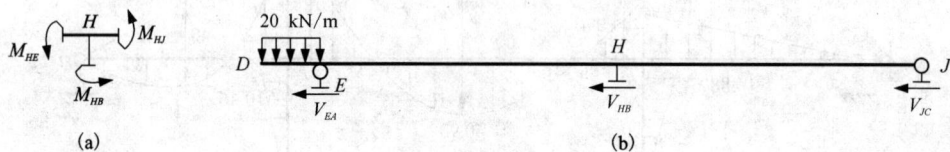

（a）　　　　　　　　（b）

图 11 - 4

以结点 H 为对象，由图 11 - 4(a) 可列弯矩平衡方程

$$\sum M_H = M_{HB} + M_{HE} + M_{HJ} = 0$$

$$M_{HB} = 4i_{HB}\theta_H - \frac{6i_{HB}}{l_{HB}}\Delta = 4 \times 1 \times \theta_H - \frac{6 \times 1}{12} \times \Delta = 4\theta_H - \frac{1}{2}\Delta$$

$$M_{HE} = 3i_{HE}\theta_H - \frac{m(l_{HE}^2 - 3b^2)}{2l_{HE}} = 3 \times \frac{2}{3} \times \theta_H - \frac{90(18^2 - 0)}{2 \times 18^2} = 2\theta_H - 45$$

$$M_{HJ} = 3i_{HJ}\theta_H = 3 \times \frac{2}{3} \times \theta_H = 2\theta_H$$

代入上式得

$$4\theta_H - \frac{1}{2}\Delta + 2\theta_H - 45 + 2\theta_H = 0$$

$$8\theta_H - \frac{1}{2}\Delta - 45 = 0 \tag{11 - 3}$$

134

以梁 *DEHJ* 为对象，由图 11 – 4(b) 可列剪力平衡方程

$$\sum X = - V_{EA} - V_{HB} - V_{JC} = 0$$

$$V_{EA} = \frac{3i_{EA}}{l_{EA}^2}\Delta = \frac{3 \times 1}{6^2} \times \Delta = \frac{1}{12}\Delta$$

$$V_{HB} = - \frac{6i_{HB}}{l_{HB}}\theta_H + \frac{12i_{HB}}{l_{HB}^2}\Delta = - \frac{6 \times 1}{12} \times \theta_H + \frac{12 \times 1}{12^2} \times \Delta = - \frac{1}{2}\theta_H + \frac{1}{12}\Delta$$

$$V_{JC} = \frac{3i_{JC}}{l_{JC}^2}\Delta + \frac{5}{16}P = \frac{3 \times 1}{6^2} \times \Delta + \frac{5}{16} \times 40 = \frac{1}{12}\Delta + 12.5$$

代入上式得

$$\frac{1}{12}\Delta - \frac{1}{2}\theta_H + \frac{1}{12}\Delta + \frac{1}{12}\Delta + 12.5 = 0$$

$$- 2\theta_E + \Delta + 50 = 0 \tag{11 – 4}$$

联解式(11 – 3) 和式(11 – 4) 得

$$\theta_H = \frac{40}{14} = 2.86$$

$$\Delta = - 44.29$$

(3) 作 *M* 图。

$$M_{AE} = - \frac{3i_{AE}}{l_{AE}}\Delta = - \frac{3 \times 1}{6} \times (- 44.29) = 22.15 \text{ kN} \cdot \text{m}$$

$$M_{EA} = 0$$

$$M_{DE} = 0$$

$$M_{ED} = 90 \text{ kN} \cdot \text{m}$$

$$M_{EH} = - 90 \text{ kN} \cdot \text{m}$$

$$M_{HE} = 2\theta_H - 45 = 2 \times 2.86 - 45 = - 39.28 \text{ kN} \cdot \text{m}$$

$$M_{HB} = 4\theta_H - \frac{1}{2}\Delta = 4 \times 2.86 - \frac{1}{2}(- 44.29) = 33.59 \text{ kN} \cdot \text{m}$$

$$M_{BH} = 2i_{HB}\theta_H - \frac{6i_{HB}}{l_{HB}}\Delta = 2 \times 1 \times \theta_H - \frac{6 \times 1}{12} \times \Delta = 2\theta_H - \frac{1}{2}\Delta$$

$$= 2 \times 2.86 - \frac{1}{2} \times (- 44.29) = 27.87 \text{ kN} \cdot \text{m}$$

$$M_{HJ} = 2\theta_H = 2 \times 2.86 = 5.72 \text{ kN} \cdot \text{m}$$

$$M_{JC} = 0$$

$$M_{CJ} = - \frac{3i_{JC}}{l_{JC}}\Delta + \frac{3}{16}Pl = - \frac{3 \times 1}{6} \times (- 44.29) + \frac{3}{16} \times 40 \times 6$$

$$= 67.15 \text{ kN} \cdot \text{m}$$

作得 *M* 图如图 11 – 5 所示。

(4) 作 *V* 图。

$$V_{EA} = V_{AE} = \frac{3i_{EA}}{l_{EA}^2}\Delta = \frac{3 \times 1}{6^2} \times \Delta = \frac{1}{12}\Delta = \frac{1}{12} \times (- 44.29)$$

$$= - 3.69 \text{ kN}$$

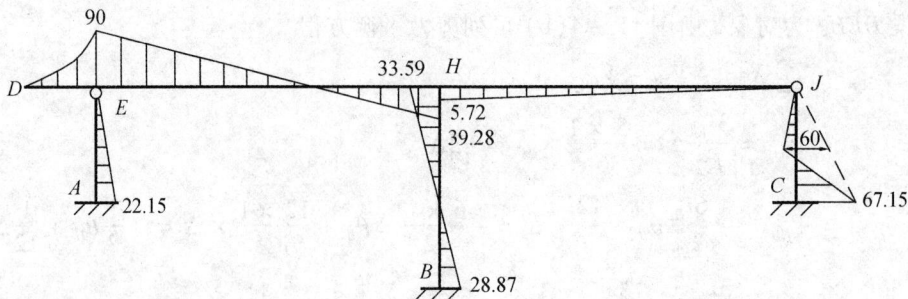

图 11 - 5

$$V_{HB} = V_{BH} = -\frac{6i_{HB}}{l_{HB}}\theta_H + \frac{12i_{HB}}{l_{HB}^2}\Delta = -\frac{6 \times 1}{12} \times \theta_H + \frac{12 \times 1}{12^2} \times \Delta$$

$$= -\frac{1}{2}\theta_H + \frac{1}{12}\Delta$$

$$= -\frac{1}{2} \times 2.86 + \frac{1}{12} \times (-44.29) = -5.12 \text{ kN}$$

$$V_{JC} = \frac{1}{12}\Delta + 12.5 = \frac{1}{12} \times (-44.29) + 12.5 = 8.81 \text{ kN}$$

$$V_{CJ} = \frac{3i_{JC}}{l_{JC}^2}\Delta - \frac{11}{16}P = \frac{3 \times 1}{6^2} \times \Delta - \frac{11}{16} \times 40$$

$$= \frac{1}{12} \times (-44.29) - 27.5$$

$$= -31.19 \text{ kN}$$

由图 11 - 6(a) 有

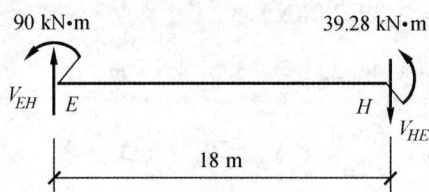

（a）

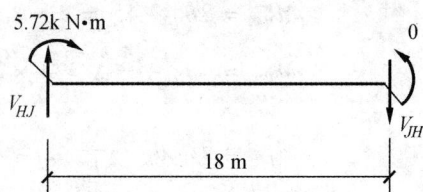

（b）

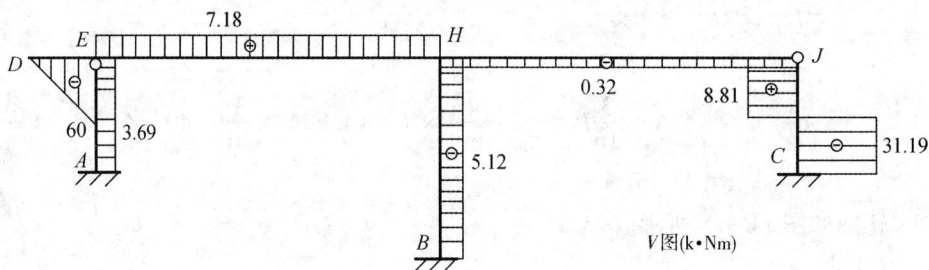

（c）

图 11 - 6

$$\sum M_E = 90 + 39.28 - V_{HE} \times 18 = 0$$

$$V_{HE} = V_{EH} = 7.18 \text{ kN}$$

由图 11 - 6(b) 有

$$\sum M_H = -5.72 - V_{JH} \times 18 = 0$$

$$V_{JH} = V_{HJ} = -0.32 \text{ kN}$$

画得 V 图如 11.6(c) 所示。

(5) 作 N 图。

竖直方向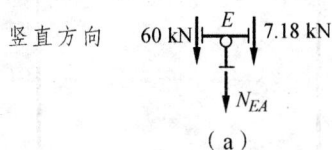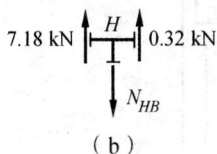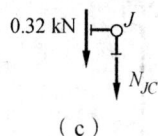

水平方向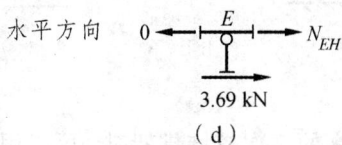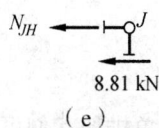

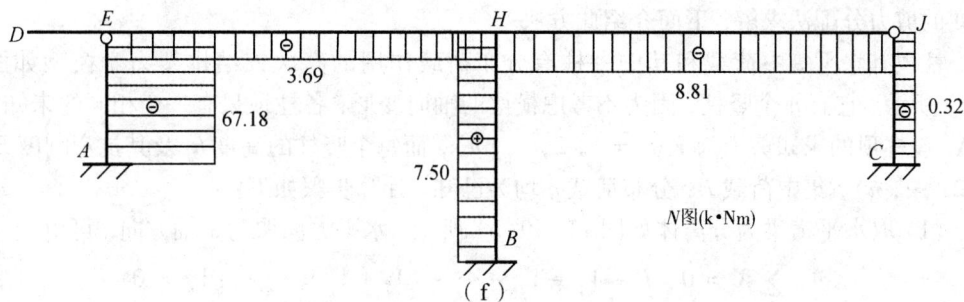

图 11 - 7

由图 11 - 7(a) 有

$$N_{EA} = N_{AE} = -67.18 \text{ kN}$$

由图 11 - 7(b) 有

$$N_{HB} = N_{BH} = 7.5 \text{ kN}$$

由图 11 - 7(c) 有

$$N_{JC} = N_{CJ} = -0.32 \text{ kN}$$

由图 11 - 7(d) 有

$$N_{EH} = N_{HE} = -3.69 \text{ kN}$$

由图 11 - 7(e) 有

$$N_{JC} = N_{CJ} = -8.81 \text{ kN}$$

作得 N 图如图 11 - 7(f) 所示。

11.2　等标高排架

常见的排架有单层厂房简化后的铰结排架如图 11 - 8 所示，竖柱与基础为刚性联结，屋架与柱顶视为铰联结，且把屋架当作抗拉刚度 EA 为无穷大的杆件并称之为横梁，此外，铁路上用于无砟轨铺设用的组合轨道排架等。

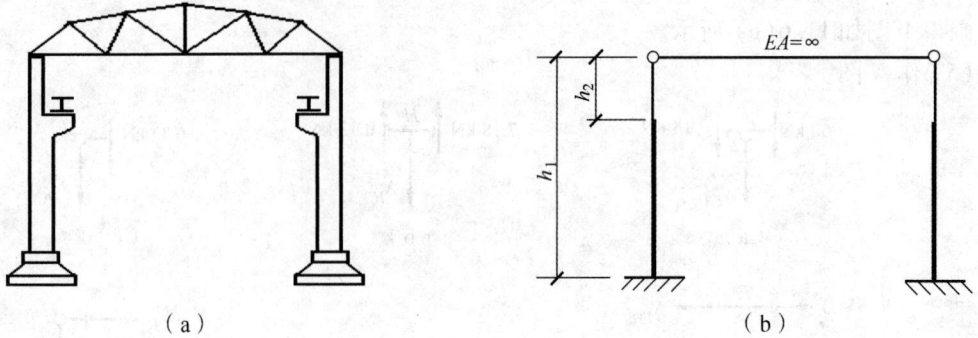

图 11 - 8

简单排架我们可以用位移法求解，但当排架为柱顶等高的高次铰结排架时，可以用较为方便的剪力分配法求解，下面介绍此方法。

柱顶有水平集中荷载和其中一柱有分布荷载作用的高次铰结排架力学模型如图 11 - 9(a) 所示。它有 n 个竖柱，因为不考虑横梁的轴向变形，各柱顶只有一个相同的未知水平位移Δ，设柱顶的未知剪力为 $V_i (i = 1, 2, \cdots, n)$，而每个竖柱的高度 h_i 及其抗弯刚度 $EI_i (i = 1, 2, \cdots, n)$、集中荷载 P、分布荷载 q 均为已知。计算步骤如下：

（1）取水平横梁为分离体如图 11 - 9(b) 所示。水平方向取为 x 轴方向，可由

$$\sum X = 0 \quad P - V_1 - V_2 - \cdots - (V_j + V_j^F) - \cdots - V_n = 0$$

$$P - V_j^F = \sum V_i \quad (i = 1, 2, \cdots, n)$$

其中 V_j^F 可由表查得。

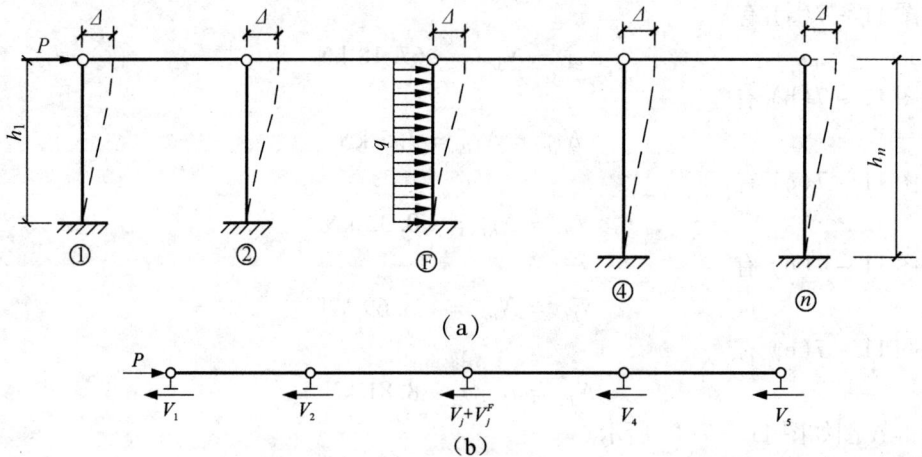

（a）

（b）

图 11 - 9

（2）把每根竖柱视为一端固定另一端铰支的单跨超静定梁，由书后附录表可得到柱顶剪力 V_i 与柱顶水平位移之间的关系为

$$V_i = \frac{3i}{l_i^2}\Delta = \frac{3EI_i}{h_i^3}\Delta \ (i = 1, 2, \cdots, n)$$

（3）对上式两端求和

$$\sum V_i = \sum \frac{3EI_i}{h_i^3}\Delta$$

（4）将上两式相除

$$\frac{V_i}{\sum V_i} = \frac{\dfrac{3EI_i}{h_i^3}\Delta}{\sum \dfrac{3EI_i}{h_i^3}\Delta} = \frac{\dfrac{I_i}{h_i^3}}{\sum \dfrac{I_i}{h_i^3}}$$

将 $P - V_j^F = \sum V_i$ 代入上式则有

$$V_i = \frac{\dfrac{I_i}{h_i^3}}{\sum \dfrac{I_i}{h_i^3}}(P - V_j^F) \ (i = 1, 2, \cdots, n) \tag{11 - 5}$$

令 $\lambda_i = \dfrac{I_i}{h_i^3}$，称为侧移系数。$\eta_i = \dfrac{\dfrac{I_i}{h_i^3}}{\sum \dfrac{I_i}{h_i^3}}$，称为剪力分配系数，且 $\sum \eta_i = 1$。则有

$$V_i = \eta_i(P - V_j^F)$$

有荷载之柱剪力为

$$V_j^0 = V_j + V_j^F$$

（5）求得杆端剪力后，可把每一根竖柱看成杆端作用有集中荷载 V_i 的悬臂梁，它的弯矩图很容易作出。

【例 11.3】　用剪力分配法计算图 11 - 10 所示排架，$EA \to \infty$，EI 为常数，画出其弯矩图。

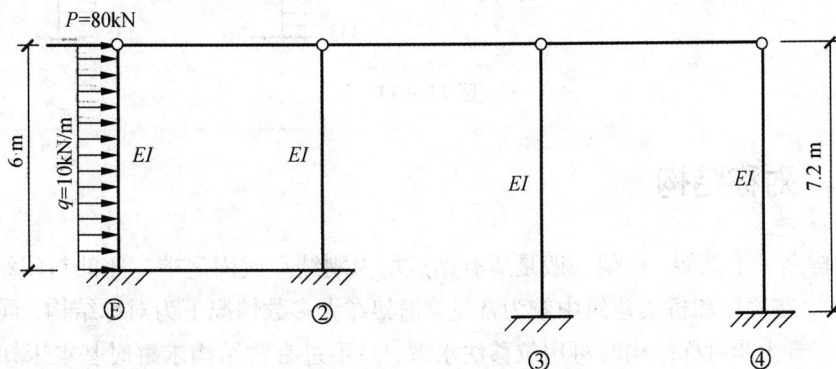

图 11 - 10

解：（1）计算各柱侧移系数 λ

$$令 \ \lambda_1 = \lambda_2 = \frac{I_1}{h_1^3} = \frac{I}{6^3} = \frac{I}{216} = 1, \ \lambda_3 = \lambda_4 = \frac{I_3}{7.2^3}$$

$$= \frac{I}{(1.2 \times 6)^3} = \frac{1}{1.728} = 0.579$$

（2）计算剪力分配系数 η

$$\eta_1 = \eta_2 = \frac{1}{1 + 1 + 0.579 + 0.579} = \frac{1}{3.157} = 0.317$$

$$\eta_3 = \eta_4 = \frac{0.579}{1 + 1 + 0.579 + 0.579} = \frac{0.579}{3.157} = 0.183$$

（3）查表计算 V_1^F

$$V_1^F = -\frac{3}{8}ql = -\frac{3}{8} \times 10 \times 6 = -22.5 \ kN \cdot m$$

（4）用剪力分配法计算柱顶端剪力

$$V_1^0 = V_1 + V_1^F = \eta_1(P - V_1^F) + V_1^F = 0.317 \times (80 + 22.5) - 22.5 = 10 \ kN$$

$$V_2 = \eta_2(P - V_1^F) = 0.317 \times (80 + 22.5) = 32.5 \ kN$$

$$V_3 = \eta_3(P - V_1^F) = 0.183 \times (80 + 22.5) = 18.76 \ kN$$

$$V_4 = \eta_4(P - V_1^F) = 0.183 \times (80 + 22.5) = 18.76 \ kN$$

（5）作弯矩图。

每个竖柱按杆端有集中荷载的悬臂梁作出，其中有柱中荷载之柱再加上原有荷载作用，作出的弯矩图如图 11 – 11 所示。

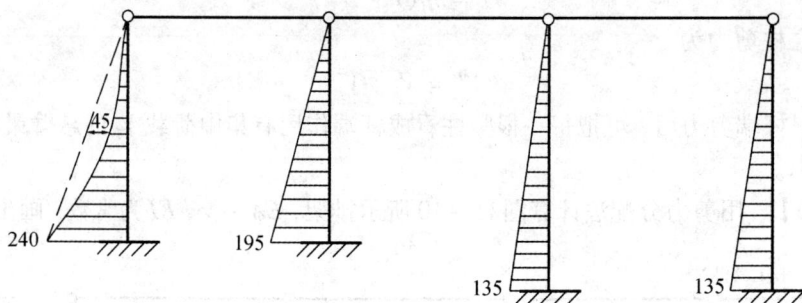

图 11 – 11

11.3　对称结构

对称结构多见于框架。框架一般是所有结点均为刚结点或固定端支座的封闭结构，如图 11 – 12 所示，在房屋和桥梁建筑中较为常见。框架在大多数情况下为对称结构，同时超静定次数也颇高，若为非对称结构时可用位移法求解，只不过有些结构求解时基本未知量较多而已，但当框架为对称结构时，就可以利用其对称性进行简化，降低超静定次数。本节着重讲具有对称性的框架结构的求解。

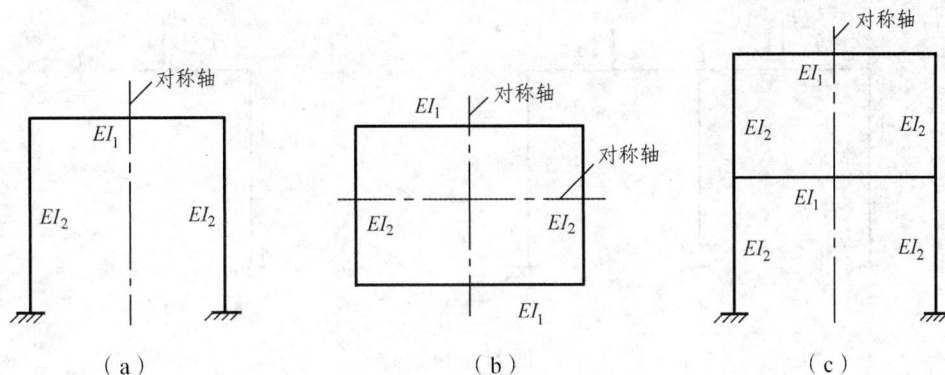

（a）　　　　　　　　（b）　　　　　　　　（c）

图 11 – 12

1. 对称荷载作用下的情况

如图 11 – 13（a）所示的单跨刚架结构。在对称荷载作用下，其变形也是对称的，如图 11 – 13（a）中虚线所示。由于对称的原因，截面 C 既不可能水平左移也不可能水平右移，既不可能顺时针方向转动，也不可能反时针方向转动，但截面 C 可以向上或者向下竖向移动。因此，可取半个结构并在对称轴上的截面 C 处取为定向滑动支座。按如图 11 – 13（b）所示的半结构进行计算。其他奇数跨结构变形与单跨类似。

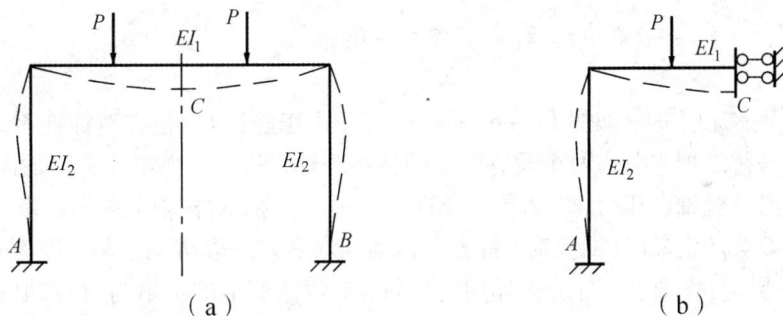

（a）　　　　　　　　　　　　（b）

图 11 – 13

如图 11 – 4（a）所示，当结构为两跨相连时，在对称轴上的截面 C 处，因荷载对称，没有水平位移和转动，再者，根据位移法的基本假定，忽略竖柱的轴向变形，因此截面 C 处也不产生竖直方向的位移，所以可取由图 11 – 14（b）所示的半个结构进行力学计算。其他偶数跨结构变形与两跨类似。

2. 反对称荷载作用下的情况

如图 11 – 5（a）所示的单跨结构，在反对称荷载作用下，变形也是反对称的，如图 11 – 5（a）中虚线所示。对称轴上的截面 C，在结构左半部分荷载作用下沿竖直方向向下移动，而在结构右半部分荷载作用下移动的方向恰恰相反，因为结构为一整体，不会在截面 C 处错开，所以截面 C 既不竖直向上移动，也不向下移动。截面 C 在荷载作用下，沿水平方向可以向左或向右移动，也可以转动。于是可取半个结构在 C 截面上用一根支座链杆代替，如图 11 – 5（b）所示。

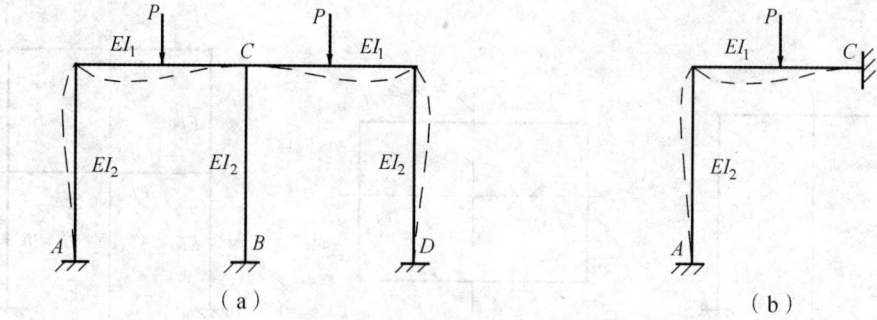

图 11 – 14

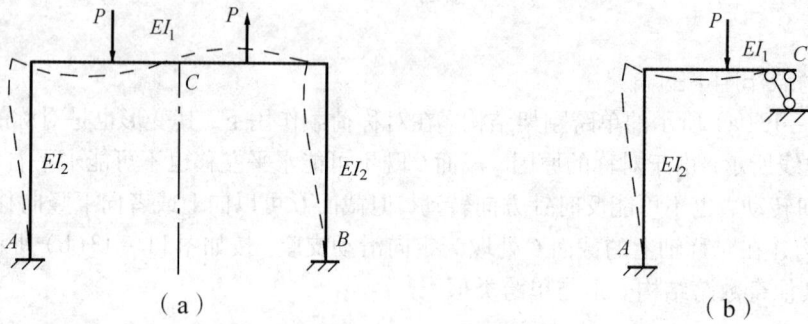

图 11 – 15

当结构为两跨相连时，如图 11 – 6(a) 中所示。由于竖柱 CB 恰在对称轴上，在反对称荷载作用下，可假想地把它分为两个没有跨度的并排竖柱，其中一个左柱是受轴向拉伸力的作用，另一右柱必然受轴向压力，二者等值反向，总轴力为零，对称轴上截面 C 处不会发生竖向位移，但截面 C 会产生顺时(或反时)针方向转动和水平方向移动，这是由于中柱弯曲变形产生的。再者，结构对称轴以左部分上作用的荷载，对弯曲变形的贡献与对称轴以右部分上作用的荷载对弯曲变形的贡献二者相等且方向一致。因此，只考虑对称轴以左(以右)荷载作用时，可取原结构对称轴竖柱抗弯刚度的一半或惯性矩的一半即可，这时对称轴竖柱的弯曲变形与原结构完全一样。于是可得半个结构计算如图 11 – 16(b) 所示。

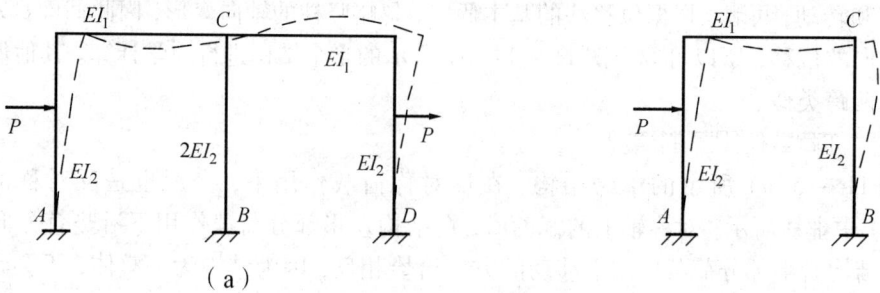

图 11 – 16

【**例 11.4**】　如图 11 - 17(a) 所示对称框架，EI 为常数，试求作其内力图。

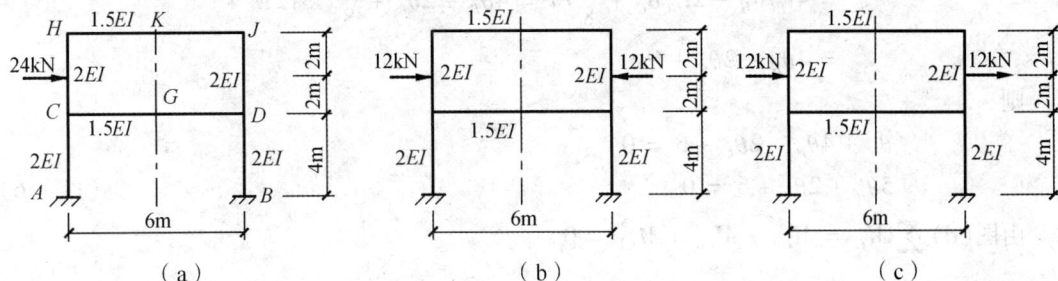

图 11 - 17

解：

(1) 对称性的利用。

本结构为六次超静定，用力法解时有六个未知量，用位移解时也有六个未知量，不论哪一种方法都是非常烦琐的。现将图(a) 分解为图(b) + 图(c)，图(b) 为对称框架上作用对称荷载，图(c) 为对称框架上作用反对称荷载。这两种情况都可利用对称性简化计算。

(2) 对称荷载下的计算。

① 作出半框架结构图和基本未知量。

图 11 - 17(b) 所示为对称框架受对称荷载作用，根据其变形的对称性，为降低超静定次数简化计算，作其半框架结构如图 11 - 18(a) 所示，画出半框架结构并用位移法计算，其基本未知量如图 11 - 18(b) 所示。

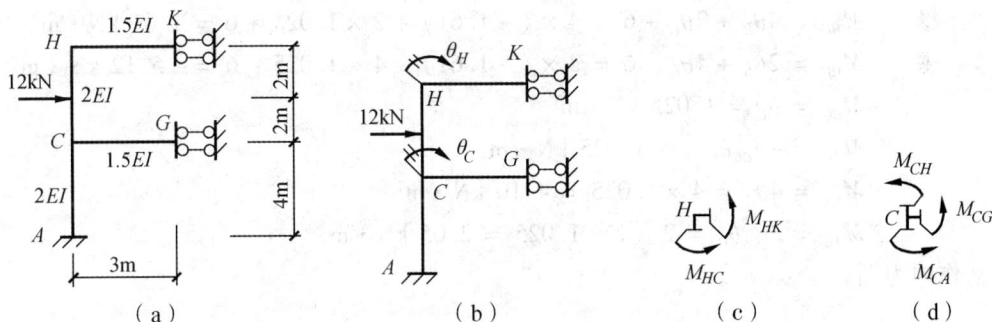

图 11 - 18

② 列方程求未知量。

为方便计算，设

$$i_{HK} = \frac{1.5EI}{3} = \frac{EI}{2} = 1 , \ i_{CG} = \frac{1.5EI}{3} = \frac{EI}{2} = 1$$

$$i_{HC} = \frac{2EI}{4} = 1 , \ i_{CA} = \frac{2EI}{4} = \frac{EI}{2} = 1$$

由图(c) $\sum M_H = 0$，$M_{HK} + M_{HC} = 0$

$$M_{HK} = i_{HK}\theta_H = \theta_H$$

$$M_{HC} = 4i_{HC}\theta_H + 2i_{HC}\theta_C + \frac{1}{8}Pl = 4\theta_H + 2\theta_C + \frac{1}{8} \times 12 \times 4$$

$$= 4\theta_H + 2\theta_C + 6$$

则

$$\theta_H + 4\theta_H + 2\theta_C + 6 = 0$$

$$5\theta_H + 2\theta_C + 6 = 0 \tag{11-6}$$

由图(d) $\sum M_C = M_{CH} + M_{CG} + M_{CA} = 0$

$$M_{CH} = 2i_{CH}\theta_H + 4i_{CH}\theta_C - \frac{1}{8}Pl = 2\theta_H + 4\theta_C - \frac{1}{8} \times 12 \times 4$$

$$= 2\theta_H + 4\theta_C - 6$$

$$M_{CG} = i_{CG}\theta_C = \theta_C$$

$$M_{CA} = 4i_{CA}\theta_C = 4\theta_C$$

则

$$2\theta_H + 4\theta_C - 6 + \theta_C + 4\theta_C = 0$$

$$2\theta_H + 9\theta_C - 6 = 0 \tag{11-7}$$

联解式(11-6)和(11-7)得

$$\theta_C = 1.025$$

$$\theta_H = -1.61$$

③ 计算杆端弯矩。

$$M_{HK} = i_{Hk}\theta_H = 1 \times (-1.61) = -1.61 \text{ kN} \cdot \text{m}$$

$$M_{KH} = -i_{HK}\theta_H = -1 \times (-1.61) = 1.61 \text{ kN} \cdot \text{m}$$

$$M_{HC} = 4\theta_H + 2\theta_C + 6 = 4 \times (-1.61) + 2 \times 1.025 + 6 = 1.61 \text{ kN} \cdot \text{m}$$

$$M_{CH} = 2\theta_H + 4\theta_C - 6 = 2 \times (-1.61) + 4 \times 1.025 - 6 = -5.12 \text{ kN} \cdot \text{m}$$

$$M_{CG} = \theta_C = 1.025 \text{ kN} \cdot \text{m}$$

$$M_{GC} = -i_{CG}\theta_C = -1.025 \text{ kN} \cdot \text{m}$$

$$M_{CA} = 4\theta_C = 4 \times 1.025 = 4.10 \text{ kN} \cdot \text{m}$$

$$M_{AC} = 2i_{CA}\theta_C = 2 \times 1 \times 1.025 = 2.05 \text{ kN} \cdot \text{m}$$

④ 作内力图。

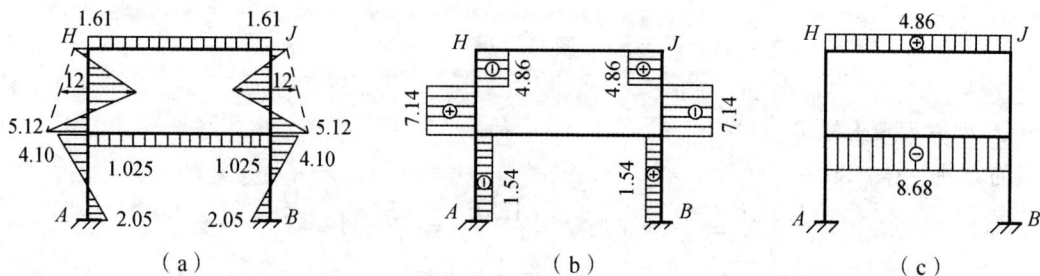

（a）　　　　　　　　　（b）　　　　　　　　　（c）

图 11-19

（3）反对称荷载下的计算。

① 作出半框架结构图和相应结构。

图 11 – 17(c) 所示为对称框架结构受反对称荷载作用，根据其变形的对称性，为降低超静定次数简化计算，作其半框架结构如图 11 – 20(a) 所示，画出半框架相应结构如图 11 – 20(b) 所示，该半框架结构结点位移多，而未知力只有两个，宜用力法求解。

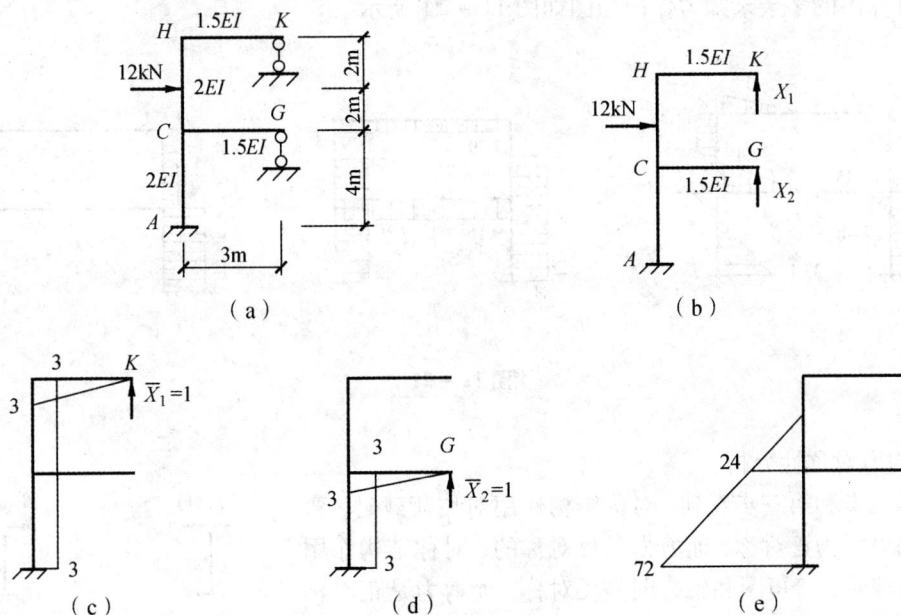

图 11 – 20

② 列典型方程求未知量。

画出单位未知力作用和荷载作用下的弯矩图如图 11 – 20(c)、(d)、(e) 所示。

$$\delta_{11}X_1 + \delta_{12}X_2 + \Delta_{1P} = 0$$

$$\delta_{21}X_1 + \delta_{22}X_2 + \Delta_{2P} = 0$$

$$\delta_{11} = \frac{1}{1.5EI} \times \frac{1}{2} \times 3 \times 3 \times \frac{2}{3} \times 3 + \frac{1}{2EI} \times 3 \times 8 \times 3 = \frac{42}{EI}$$

$$\delta_{22} = \frac{1}{1.5EI} \times \frac{1}{2} \times 3 \times 3 \times \frac{2}{3} \times 3 + \frac{1}{2EI} \times 3 \times 4 \times 3 = \frac{24}{EI}$$

$$\delta_{12} = \delta_{21} = \frac{1}{2EI} \times 3 \times 4 \times 3 = \frac{18}{EI}$$

$$\Delta_{1P} = \frac{-1}{2EI} \times \left(\frac{1}{2} \times 6 \times 72 \right) \times 3 = -\frac{324}{EI}$$

$$\Delta_{2P} = \frac{-1}{2EI} \times \left(\frac{24 + 72}{2} \times 4 \right) \times 3 = -\frac{288}{EI}$$

将系数代入典型方程得

$$\frac{42}{EI}X_1 + \frac{18}{EI}X_2 - \frac{324}{EI} = 0$$

$$\frac{18}{EI}X_1 + \frac{24}{EI}X_2 - \frac{288}{EI} = 0$$

$$X_1 = 3.79 \text{ kN}, \quad X_2 = 9.16 \text{ kN}$$

③ 作内力图。

由计算出的多余未知力作内力图如图 11 – 21 所示。

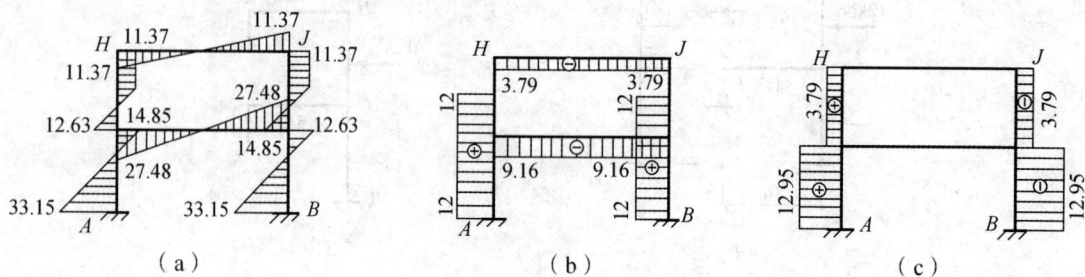

图 11 – 21

④ 内力对称性分析。

从第二步和第三步看到：对称结构作用对称荷载时，弯矩图和轴力图为正对称，而剪力是反对称的；对称结构作用反对称荷载时，弯矩图和轴力图是反对称，而剪力是正对称的。其原因可从图 11 – 22 看到，对称结构作用对称荷载时，剪力在受力图中方向是正对称的，但由于剪力符号的规定，使得正负刚好相反。对称结构受反对称荷载时的剪力情况，原因也在于此。

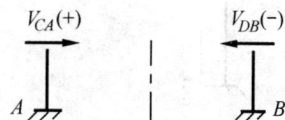

图 11 – 22

（4）作叠加后的内力图。

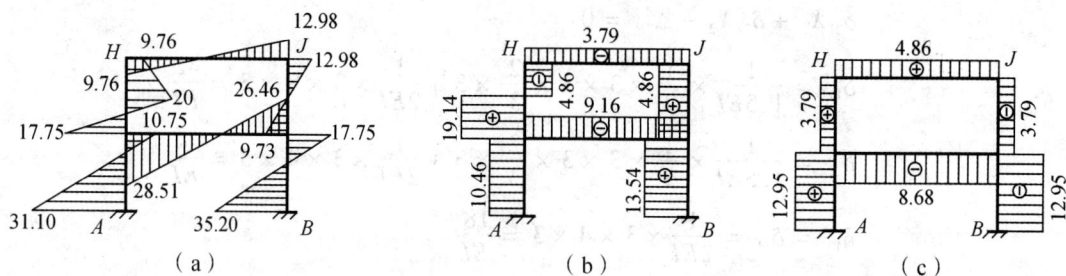

图 11 – 23

146

附录　单跨超静定梁杆端弯矩和杆端剪力表

编号	梁的简图	弯矩图	杆端弯矩 M_{AB}	杆端弯矩 M_{BA}	杆端剪力 V_{AB}	杆端剪力 V_{BA}
1			$\dfrac{4EI}{l}=4i$	$2i\left(i=\dfrac{EI}{l},\right.$ 以下同$\left.\right)$	$-\dfrac{6i}{l}$	$-\dfrac{6i}{l}$
2			$-\dfrac{6i}{l}$	$-\dfrac{6i}{l}$	$\dfrac{12i}{l^2}$	$\dfrac{12i}{l^2}$
3			$3i$	0	$-\dfrac{3i}{l}$	$-\dfrac{3i}{l}$
4			$-\dfrac{3i}{l}$	0	$\dfrac{3i}{l^2}$	$\dfrac{3i}{l^2}$
5			i	$-i$	0	0
6			$-\dfrac{Pab^2}{l^2}$ 当 $a=b$ 时 $-Pl/8$	$\dfrac{Pa^2b}{l^2}$ $\dfrac{Pl}{8}$	$\dfrac{Pb^2}{l^2}\left(1+\dfrac{2a}{l}\right)$ $\dfrac{P}{2}$	$-\dfrac{Pa^2}{l^2}\left(1+\dfrac{2b}{l}\right)$ $-\dfrac{P}{2}$
7			$-\dfrac{ql^2}{12}$	$\dfrac{ql^2}{12}$	$\dfrac{ql}{2}$	$-\dfrac{ql}{2}$
8			$\dfrac{Mb(3a-l)}{l^2}$	$\dfrac{Ma(3b-l)}{l^2}$	$-\dfrac{6ab}{l^2}M$	$-\dfrac{6ab}{l^2}M$
9			$-\dfrac{Pab(l+b)}{2l^2}$ 当 $a=b=\dfrac{l}{2}$ 时 $-3Pl/16$	0	$\dfrac{Pb(3l^2-b^2)}{2l^3}$ $\dfrac{11}{16}P$	$-\dfrac{Pa^2(2l+b)}{2l^3}$ $-\dfrac{5}{16}P$

续表

编号	梁的简图	弯矩图	杆端弯矩		杆端剪力	
			M_{AB}	M_{BA}	V_{AB}	V_{BA}
10	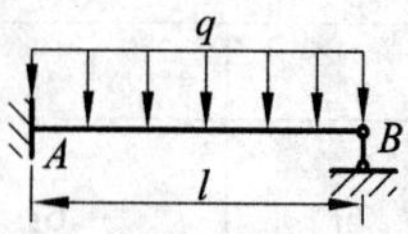	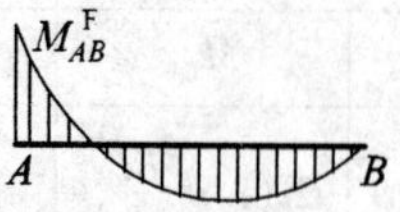	$-\dfrac{ql^2}{8}$	0	$\dfrac{5}{8}ql$	$-\dfrac{3}{8}ql$
11	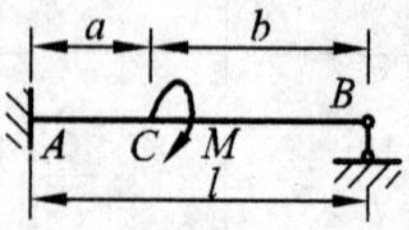	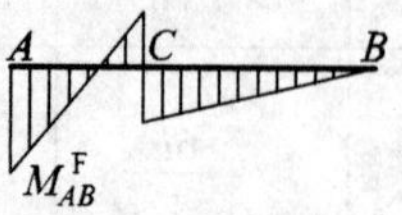	$\dfrac{M(l^2-3b^2)}{2l^2}$	0	$-\dfrac{3M(l^2-b^2)}{2l^3}$	$-\dfrac{3M(l^2-b^2)}{2l^3}$
12	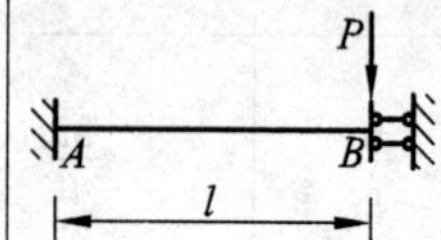	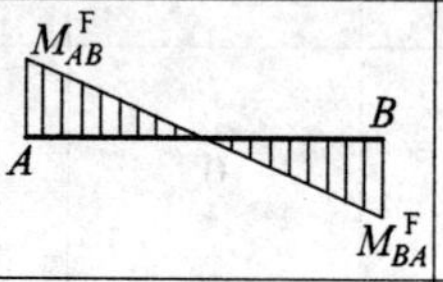	$-\dfrac{Pl}{2}$	$-\dfrac{Pl}{2}$	P	P
13	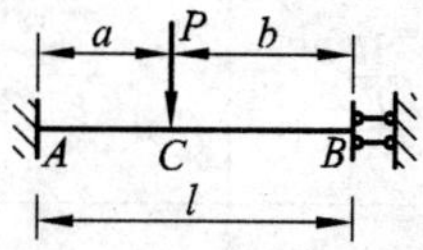	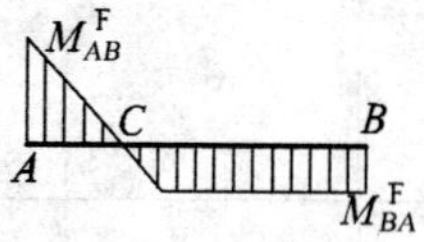	$-\dfrac{Pa(l+b)}{2l}$ 当 $a=b$ 时 $-\dfrac{3Pl}{8}$	$-\dfrac{P}{2l}a^2$ $-\dfrac{Pl}{8}$	P	0
14	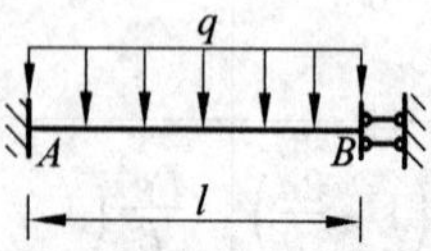	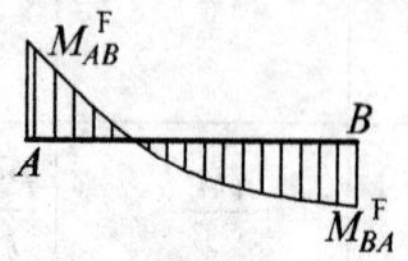	$-\dfrac{ql^2}{3}$	$-\dfrac{ql^2}{6}$	ql	0

148

参考文献

［1］于英.建筑力学[M].北京：中国建筑工业出版社，2007

［2］朱伯钦，等.结构力学[M].上海：同济大学出版社，1992

［3］李轮.结构力学[M].北京：人民交通出版社，2002

［4］吴章禄，等.结构力学[M].成都：西南交通大学出版社，1992

［5］包世华.结构力学[M].武汉：武汉工业大学出版社，2003

［6］黄志平，等.结构力学[M].北京：人民交通出版社，1984

［7］裘伯永，等.桥梁工程[M].北京：中国铁道出版社，2002

［8］胡兴国，等.结构力学[M].武汉：武汉工业大学出版社，2001

［9］李连琨.结构力学[M].北京：高等教育出版社，1997

［10］王金海.结构力学[M].北京：中国建筑工业出版社，1997

［11］图试书业.结构力学[M].武汉：华中师范大学出版社，2010

［12］赵才其，越玲.结构力学[M].南京：东南大学出版社，2011

［13］程选生.结构力学[M].北京：机械工业出版社，2009

［14］郭松华.结构力学[M].北京：中国水利水电出版社，2012

［15］龙驭球，包世华.结构力学工[M]，北京：高等教育出版社，2012

［16］朱耀淮.结构力学及工程结构梁[M].成都：西南交通大学出版社，2010

图书在版编目（CIP）数据

结构力学及应用／朱耀淮编著. -- 长沙：中南大学出版社，
2015.6

ISBN 978 - 7 - 5487 - 1665 - 5

Ⅰ. 结…　Ⅱ. 朱…　Ⅲ. 结构力学－高等职业教育－教材
Ⅳ. O342

中国版本图书馆 CIP 数据核字（2015）第 150924 号

结构力学及应用

朱耀淮　编著

□责任编辑	谭　平
□责任印制	易红卫
□出版发行	中南大学出版社

　　　　　　社址：长沙市麓山南路　　　　　邮编：410083

　　　　　　发行科电话：0731 - 88876770　　传真：0731 - 88710482

□印　　装　长沙印通印刷有限公司

□开　　本　787×1092　1/16　　□印张 10　　□字数 246 千字
□版　　次　2015 年 7 月第 1 版　　□印次　2017 年 12 月第 2 次印刷
□书　　号　ISBN 978 - 7 - 5487 - 1665 - 5
□定　　价　31.00 元